建筑工程设计常见问题汇编
电 气 分 册

孟建民　主　　编
陈日飙　执行主编
深圳市勘察设计行业协会　组织编写

中国建筑工业出版社

图书在版编目（CIP）数据

建筑工程设计常见问题汇编. 电气分册 / 孟建民主
编；深圳市勘察设计行业协会组织编写. — 北京：中
国建筑工业出版社，2021.1
ISBN 978-7-112-25854-3

Ⅰ. ①建… Ⅱ. ①孟… ②深… Ⅲ. ①房屋建筑设备
－电气设备－建筑设计－问题解答 Ⅳ. ①TU2-44

中国版本图书馆 CIP 数据核字（2021）第 024845 号

责任编辑：费海玲　焦　阳
责任校对：张　颖

建筑工程设计常见问题汇编　电气分册
孟建民　主　　编
陈日飙　执行主编
深圳市勘察设计行业协会　组织编写

*

中国建筑工业出版社出版、发行(北京海淀三里河路9号)
各地新华书店、建筑书店经销
北京红光制版公司制版
北京富诚彩色印刷有限公司印刷

*

开本：880毫米×1230毫米　1/16　印张：10¾　字数：302千字
2021年2月第一版　　2021年2月第一次印刷
定价：**60.00**元
ISBN 978-7-112-25854-3
(36721)

《建筑工程设计常见问题汇编》
丛书总编委会

编 委 会 主 任：张学凡

编委会副主任：高尔剑　薛　峰

主　　　　编：孟建民

执 行 主 编：陈日飙

副　主　编：（按照专业顺序）

　　　　　　林　毅　杨　旭　陈　竹　冯　春　张良平　张　剑

　　　　　　雷世杰　李龙波　陈惟崧　汪　清　王红朝　彭　洲

　　　　　　龙玉峰　孙占琦　陆荣秀　付灿华　刘　丹　王向昱

　　　　　　蔡　洁　黎　欣

指 导 单 位：深圳市住房和建设局

主 编 单 位：深圳市勘察设计行业协会

《建筑工程设计常见问题汇编 电气分册》
编 委 会

分 册 主 编：孟建民

分册执行主编：陈日飙　陈惟崧　汪　清

分 册 副 主 编：蔡　洁　黎　欣

分 册 编 委：（以姓氏拼音字母为序）

傅勇平　何海平　李炎斌　廖　昕　罗　红

罗炳琨　张国庆　张立军　赵金剑　周小强

分册主编单位：深圳市勘察设计行业协会

深圳市建筑设计研究总院有限公司

筑博设计股份有限公司

分册参编单位：香港华艺设计顾问（深圳）有限公司

深圳市华阳国际工程设计股份有限公司

悉地国际设计顾问（深圳）有限公司

奥意建筑工程设计有限公司

深圳华森建筑与工程设计顾问有限公司

广东省建筑设计研究院有限公司深圳分公司

深圳市联合创艺建筑设计有限公司

深圳市大正建设工程咨询有限公司

序

    40 年改革创新，40 年沧桑巨变。深圳从一个小渔村蜕变成一座充满创新力的国际化创新型城市，创造了举世瞩目的"深圳速度"。2019 年《关于支持深圳建设中国特色社会主义先行示范区的意见》的出台，不仅是对深圳过去几十年的创新发展路径的肯定，更是为深圳未来确立了创新驱动战略。从经济特区到社会主义先行示范区，深圳勘察设计行业是特区的拓荒牛，未来将继续以开放、试验和示范的姿态，抓住粤港澳大湾区建设重要机遇，为社会主义先行示范区的建设添砖加瓦。

    2020 年恰逢深圳经济特区成立 40 周年。深圳勘察设计行业集结多方技术力量，总结经验、开拓进取，集百家之长，合力编撰了《建筑工程设计常见问题汇编》系列丛书，作为深圳特区成立 40 周年的献礼。对于工程设计的教训和问题的总结，在业内是比较不常见的，深圳的设计行业率先将此类经验整合出书，亦是一种知识管理的创新。希望行业同仁深刻认识自身的时代责任，再接再厉、砥砺奋进，坚持践行高质量发展要求，继续助力深圳成为竞争力、创新力、影响力卓著的全球标杆城市！

2021 年 1 月

前　言

随着社会的进步与经济的飞速发展，建设行业对建筑电气设计各方面提出了更高的要求和挑战。尤其体现在规范要求、设计内容的深度和广度上，更加强调设计要安全可靠、经济合理、技术先进。

本书汇集了深圳市长期从事建筑电气设计的专家和学者的学识和经验，针对建筑电气专业工程师在工作中经常遇到的一些难点问题，分析其出现的原因，并提出相对全面、系统的解答。书中整理了深圳地区设计院电气设计人员、甲方或业主单位，在工程设计、施工管理或者后期运营维护过程中遇到的问题。全书共汇集了267个问题，并对其进行了整理和分析，以帮助电气工程师加强对规范全面、准确的理解，避免类似错误重复发生。本书可以帮助初入行的建筑电气设计行业人员开拓思路，培养解决问题的能力，提升设计经验，在面对日益纷繁复杂的工程时游刃有余，提高自己的设计水平，为客户和社会提供更好的设计产品。

在本书编制和出版过程中，《民用建筑电气设计标准》GB 51348—2019 于 2020 年8 月 1 号开始实施，新版标准的修改涉及范围和内容比较大，而对新标准理解执行需要一定的时间，本书编制组对涉及新标准相关条文的问题进行了多次研讨，力求对相关问题的解析和解决方法符合新标准的要求，或许尚有不一致之处，敬请读者指正。

全书分为 10 个章节，包括供配电系统、变电所、自备应急电源系统、低压配电系统、配电线路布线系统、照明系统、建筑防雷及接地系统、电气消防系统、智能化系统、其他相关系统等。其中第 8 章电气消防系统分为三个小节，分别是消防配电系统、消防应急照明系统和火灾自动报警系统。第 9 章智能化系统以民用建筑电气专业的智能化设计内容为主，不包括智能化专项深化设计内容。

由于编者的经验和学识有限，加之时间仓促，书中难免有疏漏或错误之处，敬请读者批评指正。

目 录

第1章 供配电系统

问题【1.1】

问题描述:

施工图设计说明中"工程概况、设计范围、设计内容"不明确;对设计范围、设计内容的含义理解不准确,给预算和施工看图带来困扰,容易造成责任不明确。

原因分析:

首先是设计人员对施工图设计说明中"工程概况、设计范围、设计内容"的重要性没有引起足够重视,其次是施工图设计人员套用其他项目的设计说明时没有仔细审查和作适当调整。

应对措施:

工程概况、设计范围、设计内容是建筑电气工程施工图的纲领性内容,不能缺失和出现错误。设计人员应按照《建筑工程设计文件编制深度规定》(2016 年版)的要求编写。

工程概况通常指建筑的建设地点、地块、楼栋数;建筑类别、性质、面积、层数、高度,变配电所分布情况等。

设计范围通常指物理界限,也就是"工程概况"中的内容或"工程概况"中的部分内容,如某一地块、某一栋楼、某一楼层或楼层的某一部分,图纸中要说明清楚。

设计内容通常指涉及的电气各系统及与其他专业的分工,电气各系统如:10/0.4kV 变配电系统、动力配电系统、照明配电系统等。与其他专业的分工主要涉及二次设计的问题,如:厨房动力设计,电梯二次设计,柴油发电机房的减振、消声及烟气处理,变电所的电磁屏蔽及降噪处理等。

智能化系统设计内容编写方法与"电气设计内容"类似。

问题【1.2】

问题描述:

高压配电系统图中,Yyn0 型或 Dyn11 型接线的配电变压器高压侧的避雷器安装位置不当,见图 1.2(a),不能起到保护变压器高压绕组的作用。

原因分析:

对"Yyn0 型或 Dyn11 型接线的配电变压器设在本建筑物内或附设于外墙处时,应在变压器高压侧装设避雷器"的要求不理解。事实上,在"Yyn0 型或 Dyn11 型接线的配电变压器设在本建筑物内或附设于外墙处"的情况下,当该建筑物的防雷装置遭雷击时,接地装置的电位升高,变压器外壳的电位也升高。由于变压器高压侧各绕组是相连的,对外壳的雷击高电位来说,可看作处于同一低电位,外壳的雷击高电位可能击穿高压绕组的绝缘,因此,应在高压侧装设避雷器。当避雷器反击穿时,高压绕组则处于与外壳相近的电位,高压绕组得到保护(引自《建筑物

1

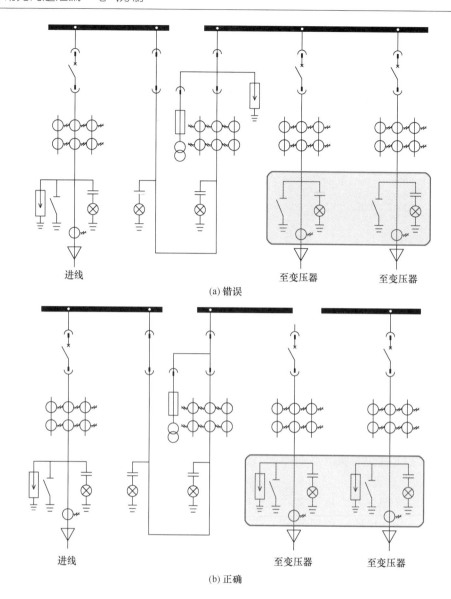

(a) 错误

(b) 正确

图 1.2　配电变压器高压侧的避雷器安装位置图

防雷设计规范》GB 50057—2010 第 4.3.8 条第 5 款条文说明）。《交流电气装置的过电压保护和绝缘配合设计规范》GB/T 50064—2014 第 5.5.1 条也有规定：10～35kV 配电系统中配电变压器的高压侧应靠近变压器装设金属氧化物避雷器（MOA）。该 MOA 接地线应与变压器金属外壳连在一起接地。

应对措施：

高压配电系统图中，Yyn0 型或 Dyn11 型接线的配电变压器高压侧的避雷器应设置在变压器高压侧与最后一级隔离开关之间，见图 1.2(b)。

问题【1.3】

问题描述：

高压配电系统对变压器采用放射式供电，且变压器和高压配电室不在同一个位置时，变压器高压侧没有设置隔离开关，给检修人员带来安全隐患。

原因分析：

设计人员对规范中涉及安全的要求理解不够深入，设计没有做到位。

应对措施：

为了防止现场操作人员无意识地实施错误的操作，从而导致事故，除了加强对操作人员的培训以及实施工作票制度，还应在高压配电设计中加入强制联锁装置或采取提示性措施。

变压器检修时，高压侧应有明显的开断点，以保证检修人员的人身安全，《20kV及以下变电所设计规范》GB 50053—2013有以下规定：电源以放射式供电时，宜装设隔离开关或负荷开关。当变压器安装在本配电所内时，可不装设高压开关。

该规范条文有如下说明：装设隔离开关或负荷开关的规定是为了检修变压器时有明显的断开点，以保证检修人员的安全。当有带负荷拉闸要求时宜装设负荷开关。

当变压器在本配电所内时，由于距离近，停电检修联系方便，能防止误操作，可不装设开关。

隔离用高压开关可选用环网柜的负荷开关柜。

问题【1.4】

问题描述：

变电所通常可由两台变压器组成一个供电单元，两台变压器容量是否一定要相同？如果两台变压器容量不同，要注意哪些事项？

原因分析：

两台变压器容量可以不同，但设计时不推荐这样选择。

存在问题：日常运行时互换性差。当容量较大的那台变压器停用时，较小容量的那台变压器不一定能满足供电负荷要求。

应对措施：

1）两台变压器容量差不宜过大。

2）当停用一台变压器时，较小容量的那台变压器的容量应满足所有一级负荷和二级负荷的供电要求，以满足变压器切换运行时的应急要求。

问题【1.5】

问题描述：

配电变压器低压侧断路器短路电流分段能力偏小；低压配电系统中没有校验电缆热稳定电流的影响，导致低压配电系统中部分配电回路电缆截面面积偏小。

原因分析：

由于系统短路容量和短路阻抗的数据需要供电部门提供，目前大多数民用建筑项目电气设计没

1

有做准确的短路电流计算。

应对措施：

1）建议对规模较大或者重要的公建项目不同容量的变压器做低压侧短路电流计算，至少包括短路电流峰值 i_p、稳态短路电流有效值 I_k。选择断路器时至少应保证断路器的额定极限短路分段能力 I_{cu} 不小于 I_k。

2）每个项目应取一条截面面积最小、路径较短的电缆作短路电流热稳定校验，取一个配电路径最长的负荷终端作电压降分析。如果电缆截面面积不满足要求，则应调整电缆截面面积。

3）查阅有关手册，如《建筑电气常用数据》19DX101—1。

例如《建筑电气常用数据》19DX101—1第15节，提供了短路电流计算的方法和部分数据，可以作为设备短路电流选择的参考。表中列出了在系统容量为无穷大条件下，对应不同容量和短路阻抗电压参数的变压器低压侧出口位置的电路电流参数，该参数必定大于系统短路容量不是无穷大的实际项目的短路容量，可以用来校核低压配电断路器的分断能力。

此外，从低压铜芯交联聚乙烯电缆短路电流选择表中可以看出，1000kVA 及以下的变压器，低压母线上的配电电缆截面积不应小于 10mm^2；大于 1000kVA 的变压器，低压母线上的配电电缆截面面积不应小于 16mm^2。

问题【1.6】

问题描述：

民用建筑消防和安防合并设置在一个控制室时，控制室内消防电源和安防电源没有分开设置，且安防系统配电容量不够。

原因分析：

民用建筑中，尤其是公共建筑安防系统对配电容量需求比较大，强电设计人员对弱电系统设计要求不了解。大中型公共建筑安防系统配电容量一般超过 30kVA，监控点数多的安防监控室的设备用电容量能达到 60k～80kVA，安防系统配电容量远大于消防系统设备用电容量。

应对措施：

考虑消防系统对独立供电的要求，应将消防和安防系统分开配电，并分别采用双电源末端切换，安防系统配电容量需满足弱电设计提资要求。

问题【1.7】

问题描述：

大学或科研楼实验室用电负荷计算容量偏大，造成变压器安装容量过大。

原因分析：

随着中国科技进步，各地政府越来越重视科研和创新发展，大量投资建设大学和科研实验平台，各种类型的实验室是建设的重点，由于一些实验室用电设备多，实验室使用方或工艺设计提用电需求时，分不清用电设备安装容量和计算容量的区别，没有考虑需要系数和同时使用系数或者系数取值过于保守，设计人员对实验室使用方或工艺设计提出的需求没有加以分析，直接用作负荷计算的依据，造成变压器计算容量过大，实际运行时变压器负荷率过低。

应对措施：

各方均应该认识到用电负荷需求过大对电气系统造成的重大影响，电气设计人员和实验室使用方或工艺设计应密切配合，认真研究分析各种类型的用电负荷使用情况，区分连续工作、短时工作的用电负荷，对于不会同时工作的用电负荷不叠加计算。

对于各类实验室，可以参照国内相同类型实验室的电力运行负荷数据，例如经过实际观察和测量得出的某大学实验室计算负荷数据如表 1.7（仅供参考）：

某大学实验室安装容量单位面积指标　　　　　　　　　表 1.7

实验类别	实验用电单位面积计算功率/(W/m^2)	空调用电单位面积计算功率/(W/m^2)	单位面积变压器安装容量/(VA/m^2)
物理实验室	80		200（包括空调）
化学实验室	80		200（包括空调）
材料实验室	80	100	200（包括空调）
电子实验室	120		250（包括空调）
生物实验室	120		250（包括空调）
校级公共实验室	70		200（包括空调）

上述实验室安装容量仅供参考，具体项目采用数据应当根据项目实验室类型和工艺选用设备情况计算选取。

对于类似实验室和商业建筑这样用电负荷不确定性很大的建筑，可采取以下措施：

1）适当放大末端配电设备和电缆线路的容量，以适应终端用户用电负荷变数大的需要。

2）单位用电量大的实验室采用变电所直接供电，单位用电量不大的实验室采用密集母线干线方式供电，增加配电的灵活性，适应实验室用电需求的变化。

变电所减少变压器初始安装容量，在变电所适当预留变配电设备的安装位置，待后期设备投入运行后，根据运行数据和实际需要进行扩容。

问题【1.8】

问题描述：

低压配电系统消防负荷与非消防负荷分组方案设计不合理，在低压配电系统上消防和非消防负荷没有明显分开设置，当发生火灾时，在变电所和消防控制室内无法快速、准确切除非消防电源，影响火灾扑救，使现场救援的消防人员有触电的危险。

原因分析：

设计人员没有认识到火灾时切除非消防电源的作用，当建筑物发生火灾时，大火会对建筑物的电气设施造成严重的损害，有可能使得它们发生电路短路情况，这就会加剧火灾的严重程度。在消防作业中，还常常会使用导电物质，如水，这就容易使作业人员在抢险救援过程中发生触电危险。

因此，火灾时切除非消防电源是重要的步骤。

应对措施：

根据《建筑设计防火规范》GB 50016—2014（2018 年版）第 10.1.6 条：消防用电设备应采用专用的供电回路，当建筑内的生产、生活用电被切断时，应仍能保证消防用电。对应的条文说明要求：消防电源宜取自建筑内设置的配电室的母线或低压电缆进线，且低压配电系统主接线方案应合理，以保证当切断生产、生活电源时，消防电源不受影响。

目前在国内建筑电气工程中，低压配电系统主接线采用的设计方案有不分组设计和分组设计两种。不分组方案主接线简单、造价较低，但消防负荷受非消防负荷故障的影响较大；分组设计方案主接线相对复杂，造价较高，消防负荷受非消防负荷故障的影响较小。

本条文由消防部门提出，原意是在灭火救援时，消防队员可在低压配电室直接、方便地手动操作总开关切除所有非消防电源，而不会将消防电源一并切除。"分组方案"为规范条文说明中的推荐性指引，且《火灾自动报警系统设计规范》GB 50116—2013 中第 4.10.1 条对非消防电源的切除要求是根据火灾的部位和发展情况而定，如普通照明、生活水泵供电等非消防电源只要在水系统动作前切断，并非简单地当火灾确认后立即切除。不分组设计方案的示意做法如图 1.8。

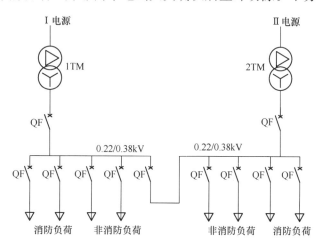

图 1.8　消防、非消防负荷不分组供电接线方案

低压配电系统主接线分不分组应根据项目的实际情况而定。设有多个变电所的大型项目，由于消防联动控制设计完备且建筑高度 100m 以下的项目建议采用不分组方案，不分组方案低压配电柜消防设备回路应集中几个柜设计，这些柜要求有明显标记（比如涂红色），便于管理。当采用不分组方案时，只要满足《火灾自动报警系统设计规范》GB 50116—2013 消防联动控制切除非消防电源的要求，并在低压配电系统中将消防负荷与其他负荷分开设置，即可满足规范要求。建议在小型项目没有火灾自动报警系统的情况下，或者依据《民用建筑电气设计标准》GB 51348—2019 第 13.7.4 条，建筑高度超过 100m 以上的高层建筑项目，均采用分组方案。

问题【1.9】

问题描述：

公共配套设施公交首末站设计范围和设计内容不明确，导致设计方式不正确，造成设计遗漏。

原因分析：

规划部门根据交通运输需要，在一些项目中规划了公交首末站，由开发商负责建设，建成后移交给交通运输部门，因此容易造成设计范围和设计内容不明确的情况。

应对措施：

1）需要与甲方确认此部分的设计范围、设计内容及计量方式。

2）公交首末站中有中断供电将对公共交通、社会秩序造成较大影响的充电设施，建议提高供电等级。

此类用电负荷一般需要设置独立的配电系统，并由相关部门自行设计及管理。前期设计需预留相应的建筑条件及配电条件，应由项目高压公共开关房单独预留一个回路给公共配电设施，并作高压计量。计算变压器容量时，单台公交车充电桩功率可按照 120kW 计算。同时前期设计需要对公共配套及其附属用房的照明及应急照明、火灾自动报警系统进行设计。此部分用电，前期设计从项目专变变压器供电，并需作计量。

问题【1.10】

问题描述：

某建筑面积约 41000m² 的项目，地下室有两层共约 33000m²，地面上有约 8000m² 的两层商铺；其中地下一层是约 18000m² 的商业，地下二层为 15000m² 车库和设备房，停了 180 多辆车。设计师叙述负荷级别时错误地认为因属二类车库和中型商业，所以此建筑消防负荷为二级负荷。

原因分析：

根据《汽车库、修车库、停车场设计防火规范》GB 50067—2014 第 3.0.1 条的规定，此汽车库属Ⅱ类汽车库，见表 1.10-1；第 9.0.1.2 条规定："Ⅱ、Ⅲ类汽车库和Ⅰ类修车库消防用电设备应按二级负荷供电"。此项目的单项建筑内商业总建筑面积应为地下商业加地上商业面积之和，即 18000m²＋8000m²＝26000m²，根据《商店建筑设计规范》JGJ 48—2014 第 1.0.4 条的规定此项目为大型商店，见表 1.10-2。又根据《商店建筑电气设计规范》JGJ 392—2016 第 3.3.2 条和第 3.3.3 条的规定，大型商店建筑消防负荷属一级负荷，因此本项目消防负荷应为一级负荷。显然设计师没算地上商业面积，把此建筑当作中型商店建筑。

汽车库、修车库、停车场的分类 表 1.10-1

名称		Ⅰ	Ⅱ	Ⅲ	Ⅳ
汽车库	停车数量/辆	＞300	151～300	51～150	≤50
	总建筑面积 S/m²	S＞10000	5000＜S≤10000	2000＜S≤5000	S≤2000
修车库	车位数/个	＞15	6～15	3～5	≤2
	总建筑面积 S/m²	S＞3000	1000＜S≤3000	500＜S≤1000	≤500
停车场	停车数量/辆	＞400	251～400	101～250	≤100

商店建筑规模的划分 表 1.10-2

规模	小型	中型	大型
总建筑面积	＜5000m²	5000～20000m²	＞20000m²

应对措施：

商业总建筑面积应是地下商业面积加地上商业面积之和，以此总商业建筑面积来确定商业的消防负荷等级，本项目地下车库与商业的消防负荷级别应选比较高者为该项目的消防负荷等级。

问题【1.11】

问题描述：

有较多防火分区或多栋单体的建筑，或建筑群的大型建筑小区，选择用于消防的柴油发电机组容量偏大。

原因分析：

消防用电设备的容量按全部安装的消防负荷的容量叠加后考虑同时系数，有的大型建筑地下室就有几十个防火分区，地面还有多栋单体，使得消防负荷的计算结果较大。

应对措施：

大型建筑群的消防负荷计算，可按一个着火点，即最不利情况的那个防火分区着火，向相邻的周边方向蔓延，同时考虑各栋单体人员疏散的情况，即总消防负荷＝本防火分区与相关联的防火分区的消防用电设备的计算负荷＋火灾时必须用的消防负荷（如消火栓泵、喷淋泵等）。

问题【1.12】

问题描述：

选型时常将计量 CT（电流互感器）、保护 CT 和测量 CT 三者相混淆，不能正确选择不同用途 CT 的精度。

原因分析：

对计量 CT、保护 CT 和测量 CT 的分类、区别、用途和不同场所 CT 的精度要求未能熟练掌握。

应对措施：

学习和掌握计量 CT、保护 CT 和测量 CT 的分类、区别、用途和不同场所 CT 的精度要求。

CT 通常分为测量、计量与保护三种类型。

计量 CT 通常用于电表计量，测量 CT 通常用于仪表监控，两者主要区别在于精度不同。

测量 CT 只要求在正常电流下保证较高的准确度，以保证测量准确，其精度通常有 0.1、0.2、0.5、1.0、3.0、5.0 级，常用 0.5、1.0 级。

计量 CT 由于关系到电能计费的问题，要求精度高，因为很小的误差反映到二次侧将导致很大的计量偏差，且在一次电流很大时，铁心应该饱和，以保护仪表不被破坏。计量 CT 常用精度 0.2 级和 0.2S 级（带 S 的是特殊 CT，要求在 1%～120% 负荷范围内精度足够高，一般取 5 个负荷点测量其误差应小于规定的范围）。

保护 CT 要求电流互感器在一次电流很大时，铁心也不应该饱和，能较好地按比例反映一次电流值，保证保护装置正确动作；而在正常电流下，不要求很高的准确度，准确度一般为 P 级，通常以 5P10、10P10、10P20 等表示。例如：5P20 表示该保护 CT 一次流过的电流在其额定电流的 20 倍以下时，此 CT 的误差应小于 5%。

1

问题【1.13】

问题描述：

当低压配电系统长距离供电时，只关注线路电压降的校验，导致供电线路末端发生单相接地故障时保护开关不能可靠动作，从而引起电线电缆或设备绝缘损坏，严重时引发火灾等危害。

原因分析：

仅进行线路电压降校验而忽视保护开关的灵敏度校验。

应对措施：

对于低压配电系统长距离供电的线路，不仅要校验线路电压降，也应对保护开关的灵敏度进行校验，以保证供电线路末端发生单相接地故障时，保护开关能够可靠动作，以消除可能的火灾隐患。当保护开关灵敏度不满足要求时，采取以下措施提高保护开关的灵敏度：

1）减少相保回路阻抗，增大单相接地故障电流。

2）采用带接地故障保护的保护开关。

3）选择额定电流较小的保护开关。

第2章　变　电　所

问题【2.1】

问题描述：

1）为空调系统配电的变压器没有设置在负荷中心。

2）一个一类高层星级酒店，高 95m。项目采用集中空调系统。空调主机房设置在项目左下角的地下三层，高低压变电所设置在地下一层右上角。在低压配电所内为空调系统用电设置了 2×1600kVA 干式变压器，为其他用电设备设置了 4×1600kVA 干式变压器。

3）低压配电室至空调主机房供电电缆水平距离达 180 多米。

4）长距离的低压电缆增加项目造价成本，也增加电缆运行时电能损耗。

原因分析：

1）空调系统用电一般占项目总用电量的 1/3 以上，为建筑用电大项。

2）施工图设计前期在规划变电所位置时，没有及时关注空调主机房的设置位置。

应对措施：

1）在项目左下角，空调主机房附近的地下一层或者地下二层（不能设置在最底层），为空调系统用电设置一处空调专用变电所，其内设置 2×1600kVA 干式变压器。保留原右上角变电所，其内设置 4×1600kVA 干式变压器。

2）缩短空调系统设备电缆供电距离，减少电缆的使用量和电缆运行的电能损耗。初步估算，节省电力电缆用量的造价 100 多万元。

问题【2.2】

问题描述：

中小学校变电所设置在首层，其上方设置学生教室。

原因分析：

1）开始规划变电所位置时，变电所的上方为教师办公室，后面建筑方案图纸经过多次修改后，变电所的上方改为学生教室。

2）电气和建筑专业都没有注意到这个问题，未能及时修改变电所位置。

3）根据国家标准《声环境质量标准》GB 3096—2008，教室及宿舍归为 1 类声环境功能区。其昼间环境噪声限值应为 50dB（A），夜间环境噪声限值应为 45dB（A），是需要保持安静的区域。

4）教室、宿舍是学生较长时间学习、生活的场所，特别是中小学，学生均为未成年人，变电所与教室、宿舍相贴邻，其噪声干扰和电磁辐射均不利于学生健康。

应对措施：

1）依据《教育建筑电气设计规范》JGJ 310—2013 第 4.3.3 条，附设在教育建筑内的变电所，不应与教室、宿舍相贴邻。

2）此条为强制性条文，必须严格执行。

问题【2.3】

问题描述：

1）住宅建筑中的变电所设置在首层塔楼下方，在配电室的正上方是住户。

2）变压器的噪声、振动，会影响住户居住的品质。

原因分析：

1）住户建筑内有厨房、卫生间、浴室等房间，这些房间属经常积水、潮湿的场所。

2）这些房间有较多的排水管道穿过。

3）目前很多地方供电主管部门，不允许配电室设置在地下层，必须设置在首层。

应对措施：

1）依据《住宅建筑电气设计规范》JGJ 242—2011 第 4.2.2 条，变电所不应设置在住户的正上方、正下方、贴临和住宅建筑疏散出口的两侧。

2）有些地方供电公司允许在变电所的上方、住户下方设置 0.8~1.5m 的夹层。

3）在规划变电所位置之前，应和甲方及当地供电主管部门等充分协商、沟通。

问题【2.4】

问题描述：

1）设置在地下一层的变电所的顶板被两栋塔楼设置的结构变形缝穿过（图 2.4）。

2）变形缝容易漏水、渗水，对变电所的电气设备运行和操作人员造成安全隐患。

原因分析：

规划变电所位置时，没有注意到结构变形缝的设置位置。

应对措施：

依据《20kV 及以下变电所设计规范》GB 50053—2013 第 6.2.11 条，变电所应避开建筑物的结构变形缝。

2

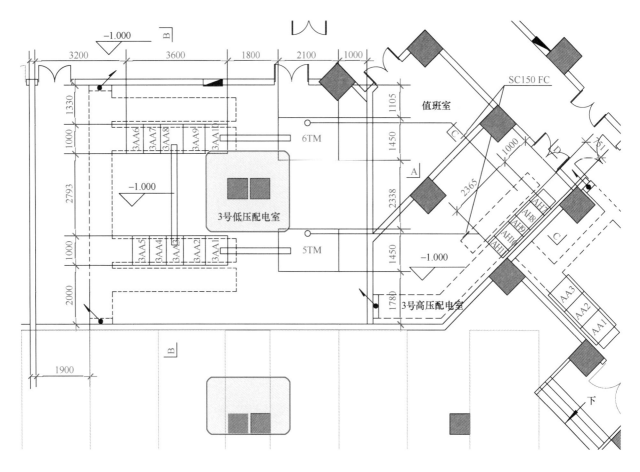

图 2.4　变配电室平面布置图

问题【2.5】

问题描述：

季节性负荷容量较大的项目，在变配电系统设计时未考虑季节性负荷集中设置。在负荷停用季节时，可以关停季节性负荷专用变压器，避免变压器空载损耗。

原因分析：

1）供配电系统设计时按最大负荷设计，系统设计没有预留变压器在用电负荷低谷季节退出并报停的条件。

2）不了解供电部门电价政策，尤其执行两部制电价的地区，变压器投入运行的容量将大幅增加基本电费。

应对措施：

根据《民用建筑电气设计标准》GB 51348—2019 第 4.3.3 条规定：季节性负荷容量较大或冲击性负荷严重影响电能质量时，可设专用变压器。

问题【2.6】

问题描述：

1）变压器台数选择不当。

2）一座 17 层，高 65m 的办公楼，地下一层为车库，在地下一层设置一个变配电所，内设 1×1250kVA 干式变压器，设置一台 312kW 柴油发电机组。

3）本项目为一类高层建筑，其消防用电设备用电、值班照明、障碍照明、主要业务和计算机系统、安防系统、电子信息设备机房、客梯、排污泵、生活水泵等用电负荷等级为一级。

原因分析：

当有较多的一、二级负荷时，变电所宜装设两台及以上的变压器，在一台变压器故障或检修时，保证一、二级负荷的供电可靠性。

应对措施：

1）将一台 1250kVA 干式变压器改为两台 630kVA 干式变压器，低压母线设置联络。

2）一级负荷的主备电源从不同的两台变压器低压母线引出（图 2.6）。

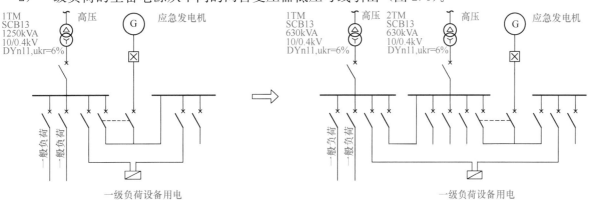

图 2.6　一台变压器改为两台变压器配电系统图

问题【2.7】

问题描述：

1）高压配电柜选型不当。

2）依据中国南方电网《10kV 及以下业扩受电工程典型设计图例》（2018 年版）的要求，单台干式变压器容量不超过 800kVA 时，高压配电柜可采用带熔断器的负荷开关柜，容量 1000kVA 及以上时，高压配电柜应采用断路器柜。

3）上述图集采用常用的 SF6 负荷开关柜、真空负荷开关柜、固定式断路器柜、KYN 真空断路器柜、全绝缘断路器自动化成套设备柜等举例，介绍了室内高压设备的安装。

4）由于不同类型的高压设备尺寸，柜前、柜后操作，维护距离要求不一致，导致所要求的高压配电室面积也不同。

5）设计时采用较紧凑、尺寸较小的柜体方案，会导致最终的高压设备布置不下，需修改高低压配电室房间面积大小和长宽尺寸。

6）常用高压配电柜尺寸参考如表 2.7。

常用高压配电柜尺寸参考　　　　　　　　　　　　　　　　　　　　表 2.7

类型	宽×深×高/mm
高压铠装移开式真空断路器柜(KYN28-12)	800×1500(1700)×2300
高压固定式真空断路器柜(XGN3-12)	1100×1200×2650
高压环网负荷开关柜(HXGN15-12)	375(500/750)×1000×1400(1600/1850)
高压环网断路器柜(HXGN15-12)	750×1000×2150

原因分析：

不了解南方电网或当地供电部门对高压配电柜选型的具体要求。

应对措施：

1）设计人在方案设计阶段，就应和甲方及当地供电主管部门等充分协商、沟通，确定符合当地要求的高压配电柜的做法。

2）布置高压配电室房间时，宜考虑报装时高压配电系统因修改、甲方采购较大尺寸配电柜等的可能性，适当加大房间面积。

问题【2.8】

问题描述：

住宅建筑变电所定义、类型理解不清。导致变压器所带负荷类型混乱，不满足供电部门要求，影响供电报装。

原因分析：

1）开关站：中压配电网中设有母线及其进出线设备、接受并分配电力、能开断负荷电流或短路电流的配电设施。

2）配电站（变电所）：中低压配电网中，用于接受并分配电力、将 10(20)kV 变换为 380(220)V 电压的变配电设施。居住类建筑变电所通常分为公用变电所（公变）、专用变电所（专变）。

3）公用变电所：公变房主要是为住宅项目内住户提供用电，一般建成后资产移交供电公司，由供电公司维护、管理、抄表到户。

4）专用变电所：专变房主要是为小区内公共设施提供用电，一般由物业管理公司维护、管理、代收电费。

5）开关站、配电站形式：一般分独立式和附建式。独立式指配电站、开关站采用独立式建筑，附建式指配电站、开关站附设于厂房或建筑物内。

6）目前，国内各个市、区、县对变电所的设置位置、净高要求，公变、专变所带负荷类型、计量方式，变电所内变压器台数、容量限制，电度表箱的设置位置，电动汽车充电桩用电设置等做法要求各异。如有的地方要求公变只能负责住宅住户的负荷，有的地方可以负责住宅住户的负荷、住宅公共负荷，住宅公共负荷设置单独的总计量。

2

应对措施：

设计人在方案设计阶段，就应和甲方及当地供电主管部门等充分协商、沟通，确定符合当地要求的变配电系统的做法。

问题【2.9】

问题描述：

1）公寓变电所没有按照供电公司公变要求设置，做到供电公司抄表到户。

2）施工图设计完成后，公寓变电所按照公变要求设置修改，导致建筑、结构、机电各专业全部修改。

原因分析：

1）目前常见的公寓主要有居住型公寓、商务型公寓、酒店式公寓。

2）供电报装时，很多供电公司同意公寓变配电系统可以按照公变类型申报。即公寓用电抄表到户。变电所可以移交给供电公司，前提是公寓的配变电室的设计一定要符合公变设置的要求。

3）业主购买公寓时，一般会希望公寓跟住宅一样，供电公司抄表到户，电价按照住宅优惠电价。

4）小区物业也会要求公寓的配变电室移交给供电公司去维修、管理。

5）如果按照专变的要求设计，供电公司一般不会同意移交。

6）在设计阶段，公寓的类型可能还没有确定，变电所按照公变的要求设计，供电报装时，可以按照公变类型，也可以按照专变类型报装。

应对措施：

设计人在设计阶段，就应和甲方及当地供电主管部门等充分协商、沟通，明确公寓变电所按照公变的要求设置。

问题【2.10】

问题描述：

广东省内住宅项目变电所设置位置不满足要求。

原因分析：

设计人员对当地供电主管部门的配变电室做法要求理解不够深入。

应对措施：

1）按照粤建规函〔2018〕1752 号《广东省住房和城乡建设厅　广东省电网有限责任公司关于加强变电站、配电站防洪防涝风险管控的通知》要求，变电站、配电房等电力设施，原则上不采用全地下式，避免设置于地势低洼点处，严禁设置于建筑物最底层。特别是处于高危、易引起次生灾害、特别重要地段的配电设施必须建在地上。如受客观条件所限，必须采用全地下式或半地下式建设的，要进行充分论证，严格按照有关规定和技术规范的要求，设置防水排涝设施，降低洪涝风险。

2）目前，广东省内各个市、区、县对变电所的设置位置、净高要求，公变、专变所带负荷类型、计量方式，变电所内变压器台数、容量限制，电能表箱的设置位置，电动汽车充电桩用电设置等做法要求各异。

3）设计人在方案设计阶段，就应和甲方及当地供电主管部门等充分协商、沟通，确定符合当地要求的变配电系统的做法。

问题【2.11】

问题描述：

1）深圳地区的供配电图纸未按《深圳中低压配电网规划技术实施细则》（2018年修订版）关于"节点（分支）控制"进行设计。

2）其第8.3.1条规定：每回中压线路主环网节点数量不宜超过6个，应综合考虑运维管理需要及负荷分布特点尽量使负荷沿主干线各环网节点均匀分布。

原因分析：

设计人员不了解深圳供电部门相关政策要求和规定。

应对措施：

1）应收集和了解深圳供电部门发布的《深圳中低压配电网规划技术实施细则》，及其他相关文件。

2）中压节点（分支）容量及用户数应满足供电安全水平节点（分支）容量及用户数控制标准见表2.11所示。

节点（分支）容量及户数控制标准　　　　　　　　　　　　　　　表2.11

适合范围	负荷特性	节点（分支）控制负荷/MW	节点（分支）容量上限/kVA	节点（分支）新增用户数接入标准
A+类供电区	工业	2	3500	不超过10户
	商业	2	4000	不超过10户
	居民	1.5	4500	不超过800户
A类供电区	工业	2	3500	不超过10户
	商业	2	4000	不超过10户
	居民	2	5500	不超过1000户
B类供电区	工业	2	3500	不超过10户
	商业	2	4000	不超过10户
	居民	2	5500	不超过1500户

问题【2.12】

问题描述：

配电柜体检修维护通道安全距离不足。

原因分析：

1）电气设计人员布置设备已经按照规范要求的最小通道值进行设计，但气体灭火柜和事故后排气立管均存在厚度，未综合考虑各设备安装后的空间，将影响安全疏散。也有可能电气专业布置调整后未及时提醒相关专业。

2）建筑平面图修改后，电气专业没有及时核实配电柜屏前、屏后操作、维修距离。

应对措施：

1）主要的设备提资必须反馈至相互提资的专业图上，提资条件可以淡显。

2）各专业修改时，应及时提资给各相关专业，修改部分用修改云线圈注。

问题【2.13】

问题描述：

方案阶段预留变电所面积严重不足，给后续施工图设计造成很大困难。

原因分析：

1）方案阶段，方案设计人员不熟悉施工图变电所需求。

2）结构、机电专业在方案设计阶段就应介入配合。

3）首先确定机电各系统方案，再在方案图中规划、布置大的设备机房、竖向设备管井等。

4）确保实施的方案设计图纸是可实施、能落地的设计方案。避免在后续设计中做大的修改。

应对措施：

前期方案阶段，结构、机电专业配合应前置。

问题【2.14】

问题描述：

方案阶段预留变电所位置较偏，或设置在某个角落，不便于出线，要通过狭窄走道出线，影响走道净高。

原因分析：

方案阶段，方案设计人员不熟悉施工图变电所需求，未考虑施工图管线出线。

应对措施：

1）前期方案阶段，尽量把变电所设置在可以多方向出线的位置。

2）前期方案阶段，结构、机电专业配合应前置。

2

问题描述：

1) 某住宅小区凌晨因市政上级线路故障，停电长达 3 个多小时，小区柴油发电机组一直未启动，期间楼梯间无应急照明，客梯、消防梯均无法运行，住户家里停水……

2) 变电所高压 10kV 及 10/0.4kV 供电系统结线示意图及低压配电系统图均未表达出发电机组启动的条件。

原因分析：

1) 验收时，没有按照规范的验收流程，核实柴油发电机组自启动功能。

2) 物业公司在日常的运维阶段，也没有及时发现问题。

3) 最后查看此套电气设计图纸，的确没表达发电机组启动的条件，一旦发生火灾，造成人员伤害、财产损失事故，设计方须承担相应的责任。

应对措施：

变压器与发电机组之间的联络关系应表达清楚，当关联的一组变压器同时失电的情况下，变压器低压侧主开关的辅助接点（或低压母线电压继电器）发出信号，通过控制线传送至发电机控制回路，从而启动发电机组供电（图 2.15）。

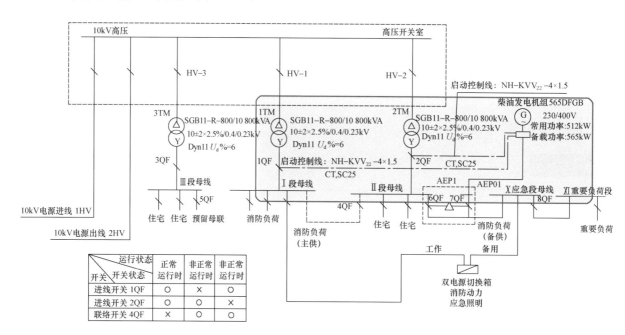

图 2.15 高低压配电系统接线示意图

问题描述：

1) 高低压配电系统图柜子编号的排列顺序和平面布置图中柜子编号排列顺序不一致。

2）在平面布置图中，从操作面方向看，配电柜编号从左到右的编排顺序应当和高低压配电系统图配电柜编号从左到右的编排顺序相同。

3）便于操作人员拿着系统图找到现场配电柜和出线回路。

4）设计人员不清楚平面编号和系统编号，反了以后可能导致开关柜制造错误，左联络和右联络母线装反，从而造成开关柜现场安装无法对接，需要返厂修改。

原因分析：

制图基础知识不牢固。

应对措施：

1）修改高低压配变电系统图中配电柜编号排列顺序。

2）或者可以修改平面布置图中配电柜布置排列顺序。

问题【2.17】

问题描述：

1）变电所净高不满足当地供电部门和设备安装的要求。

2）如果高低压配电室净高不够，会导致供电报装不通过，或高低压配电设备安装不下。

原因分析：

1）有些地方供电公司对变电所的净高会有要求，如要求净高 4m（包括 800mm 电缆沟）。

2）如果供电公司没有具体要求时，变电所净高应满足高低压配电设备的安装的最低要求。

3）一般高低压配电室根据电缆的进出线方式，分为下进下出和上进上出两种方式：

（1）下进下出方式，就是电缆在配电柜下采用电缆沟（夹层）的安装敷设方式，这种方式一般要求配电室净高不低于 3.2m（不包括电缆沟或夹层的高度）；需考虑配电柜本身高度、配电柜上母线槽高度、进排风管的安装高度等（图 2.17-1）。

（2）上进上出方式，就是电缆在配电柜的上方采用电缆桥架的安装敷设方式，这种方式一般要求配电室净高不低于 3.6m。需考虑配电柜本身高度、配电柜上母线槽高度、电缆桥架高度、进排风管的安装高度等（图 2.17-2）。

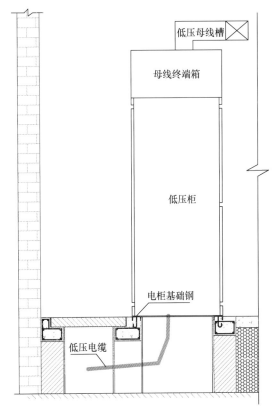

低压母线槽

母线终端箱

低压柜

电柜基础钢

低压电缆

图 2.17-1　变电所低压配电柜下进下出线安装示意图

2

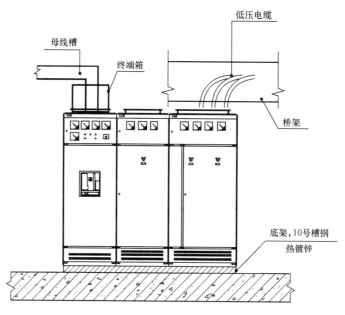

图 2.17-2 变电所低压配电柜上进上出线安装示意图

应对措施:

设计人在方案设计阶段,就应和甲方及当地供电主管部门等充分协商、沟通,确定符合当地要求的变配电系统的做法。

问题【2.18】

问题描述:

1) 一个项目设置局部地下一层,面积约 $400m^2$。内设高低压配电室、柴油发电机房、消防水泵房、通风机房等设备房间。

2) 机房内的集水坑排水泵没有正常排水,导致水漫出消防水泵房,把整个地下室淹没。

3) 柴油发电机组、高低压配电设备浸泡后需维修甚至报废。

原因分析:

1) 由于消防水池内市政消防进水管的浮球阀被杂物阻塞,不能正常关闭市政消防进水,导致消防水池内水溢流出来。

2) 保洁人员把集水坑排污泵控制箱的手自动开关设置到手动状态,有积水时,排污泵没有按水位自动启动排水。

3) 设计没有设置消防水池、排水坑内溢流水位报警,导致值班人员没有及时发现和处理问题。

应对措施:

1) 加强物业后期运行维护管理。

2) 增设消防水池溢流报警、集水坑溢流报警信号。

2

问题【2.19】

问题描述：

1）变电所电气与建筑、结构专业间配合不到位。

2）设置在地下一层的变电所，很多情况下会设置在塔楼的下方，一是可以避免设置在车位区域减少车位数量；二是塔楼下方由于首层没有覆土，层高比较高。塔楼区域以外，一般设有 1.0～1.2m 的室外覆土，这些区域的地下一层净高不满足变电所净高的要求。

原因分析：

1）前期和建筑配合配电所布置时，经过多次位置修改，最终忽视给结构专业提资。导致顶板施工完成后，高低压配电室这部分区域的层高不够，安装不了高低压配电设备。

2）由于塔楼投影下地下一层面积较小，结构柱、剪力墙很多，有时不能完全布置得下高低压配电室，就需要在塔楼投影区外增加一些布置高低压配电室的区域。

3）这部分区域的顶板要满足高低压配电室净高的要求，需要顶板标高局部抬升。

应对措施：

出图前，建筑、结构、电气等专业要进行施工图图纸对图和会签，及时发现、解决问题。

问题【2.20】

问题描述：

大型电气设备未考虑运输方式，造成工程工序安排不当，大型设备无法运输到位，或者日后无法进行设备更换。

原因分析：

大型电气设备运输方式需要建筑、结构、电气专业共同制定方案。由电气专业确定本专业高低压系统和电气设备房方案时，分阶段向建筑等相关专业提资，由于不在电气专业图纸上表达，容易遗漏。

应对措施：

大型电气设备，包括柴油发电机、变压器、高低压配电柜等，按施工阶段和运行维护阶段考虑预留不同的运输方式。电气专业在完成本专业设计的同时，应分阶段向建筑等专业提资。布置在地下室的大型电气设备运输方案主要有两种：一是通过地下车库的车道运输，二是采用预留吊装孔吊装运输。

当采用地下车库车道运输方案时，需要规划设备运输路线，并根据设备尺寸和重量，核算运输路线上的建筑层高、宽度、楼板结构荷载等条件是否满足运输要求。

变电所或变压器室内应预留满足变压器运输至门口的通道条件，日后检修、更换可以在不影响其他机房运行的前提下，采用临时拆除部分墙体的方案。

车道运输路线规划如图 2.20-1 所示。

2

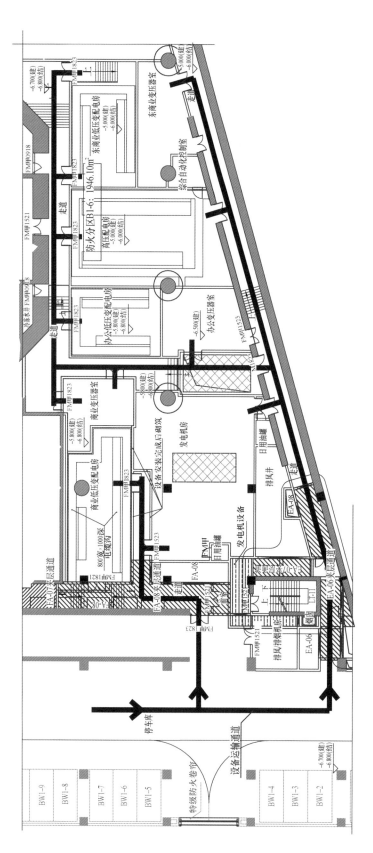

图 2.20-1　大型电气设备安装和检修运输线路规划图

　　采用预留吊装孔吊装运输方案可按建筑条件考虑预留永久吊装孔，或者预留临时吊装孔，吊装孔尺寸应比最大设备尺寸每边至少大 1m，吊装孔设置位置需考虑吊车能够到达就近的位置（图 2.20-2）。

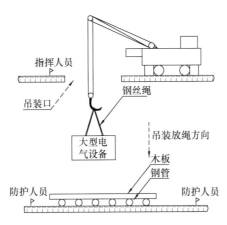

图 2.20-2　大型电气设备吊装示意图

第3章 自备应急电源系统

问题【3.1】

问题描述：

发电机房上方为人员密集场所。

原因分析：

设计对规范理解不到位，根据《建筑设计防火规范》GB 50016—2014（2018 年版）第 5.4.13 条，柴油发电机房不应布置在人员密集场所的上一层、下一层或贴邻。

依据《中华人民共和国消防法》对人员密集场所的定义，是指公众聚集场所，医院的门诊楼、病房楼，学校的教学楼、图书馆、食堂和集体宿舍，养老院，福利院，托儿所，幼儿园，公共图书馆的阅览室，公共展览馆，博物馆的展示厅，劳动密集型企业的生产加工车间和员工集体宿舍，旅游、宗教活动场所等；其中公众聚集场所是指宾馆、饭店、商场、集贸市场、客运车站候车室、客运码头候船厅、民用机场航站楼、体育场馆、会堂以及公共娱乐场所等。

应对措施：

避免设置于上述人员密集场所。

问题【3.2】

问题描述：

柴油发电机房单个储油间储存油超过 $1m^3$。

原因分析：

设计师对柴油发电机机组持续运行时间不清楚。

1)《建筑设计防火规范》GB 50016—2014（2018 年版）第 5.4.13 条第 4 款："机房内应设置储油间时，其总储存量不应大于 $1m^3$ 。"

2）应急发电机"运行小时数"一般是根据项目火灾延续时间来确认。关于"消防设备火灾时持续运行时间"可参考《消防给水及消火栓系统技术规范》GB 50974—2014 第 3.6.2 条，不同场所消火栓系统和固定冷却水系统的火灾延续时间不应小于表 3.6.2 的规定。参照该规范规定，如公共建筑，消防设备火灾时持续"运行小时数"一般最低不宜少于 3h（最低容量）。

为同时满足以上两个条件，可采用以下方法：

1）降低发电机组单机容量而增加发电机组台数，并参照国标图集《工程建设标准强制条文及应用示例》（房屋建筑部分——电气专业）04DX002 第 39 页的"布置在地下一层的柴油机房平面示例"的相关做法，遵循一台机组对应一个油箱间，即实行"1 机 1 个油箱间，N 机 N 个油箱

间 [根据《建筑设计防火规范》GB 50016—2014（2018 年版）实施指南 5.4.13 条，储油间可以分间设置，但应保证每个储油间的总储油量不大于 1m³，建筑内所有储油间的储油量之和不应大于 5m³]"。

2）在主建筑物外设置储油库。此时，电气专业应提出条件要求，由建筑、动力等专业进行具体设计。

应对措施：

1）根据项目类型，确定发电机组运行小时数，并计算需要的用油量。

2）依据上述 2 种方案，选择合适的机组配置。

问题【3.3】

问题描述：

发电机房仅设置一个门，未考虑运输问题。

原因分析：

根据《民用建筑设计统一标准》GB 50352—2019 第 8.3.3.3 条："当发电机间、控制及配电室长度大于 7.0m 时，至少应设 2 个出入口门。其中一个门及通道的大小应满足运输机组的需要，否则应预留运输条件。"

设计师未考虑设备运输路线。应将发电机运输路径提资给土建专业，由土建专业考虑相关荷载及净高要求。

应对措施：

1）当现场满足上述条件时，发电机房设置两个门，同时需考虑设备运输条件；若所在楼层无运输条件时，需考虑增设吊装孔方案。

2）设计师提前规划运输路线，提资给相关专业，避免后期拆改加固等措施。

问题【3.4】

问题描述：

作为消防备用电源的发电机组，是否要考虑它在平时停市电（非火灾）时的充分利用？

原因分析：

《民用建筑电气设计标准》GB 51348—2019 第 4.4.13 条当自备电源接入配变电所相同电压等级的配电系统时，应符合下列规定"接线应有一定的灵活性，并应满足在特殊情况下的相对重要负荷的用电。"据此，发电机可以带部分重要负荷，以便充分利用资源。

应对措施：

发电机容量允许情况下，可将部分需要保障的负荷接入备用电源系统。但应注意在火灾状态下，需要切除不需要的保障负荷，以确保消防用电的可靠性。

问题【3.5】

问题描述：

按照规范，两路 10kV 双重电源应可满足一级负荷（如消防设备）的供电要求，但深圳供电部门常要求另设置自备发电机组，以作为消防设备等重要负荷的备用电源。如何执行？

原因分析：

设计师对当地供电和消防方面相关政策不熟悉。按照《供配电系统设计规范》GB 50052—2009 第 3.0.2 条规定"一级负荷应由双重电源供电，当一电源发生故障时，另一电源不应同时受到损坏。"其第 3.0.3 条规定一级负荷中特别重要的负荷供电，应符合下列要求：

1) 除应由双重电源供电外，尚应增设应急电源，并严禁将其他负荷接入应急供电系统。

2) 设备的供电电源的切换时间，应满足设备允许中断供电的要求。

由此可知，若只从符合国标的角度来看，则仅有一级负荷（而无一级负荷中的特别重要负荷）时，两个独立市电电源应是可以满足其供电要求的。

当然，部分地方供电公司不提供此保障承诺，需要用户自设自备应急电源，如深圳市执行南方电网 2018 年制定的《10kV 及以下业扩受电工程技术导则》第 6.3.2 条规定"重要电力客户应配置自备应急电源，自备应急电源配电电源容量至少应满足全部保安负荷正常供电的要求，新增重要电力用户自备应急电源应同步建设，在正式生产运行前投运。"

应对措施：

即使项目高压进线电源可靠性已满足相关国家规范要求，仍需设计师在设计前期熟悉当地做法。

问题【3.6】

问题描述：

常规的"高压单环网＋二台变压器"（不另设发电机或 EPS），能否满足二级负荷（此处主要指消防负荷）的供电要求？

原因分析：

根据《供配电系统设计规范》GB 50052—2009 第 3.0.7 条规定"二级负荷的供电系统，宜由两回线路供电。在负荷较小或地区供电条件困难时，二级负荷可由一回 6kV 及以上专用的架空线路供电。"如果单凭此条，常规的"高压单环网＋二台变压器"（不另设发电机或 EPS 等其他备用电源），在采取一定的配套措施后（比如每台变压器低压母线分别引出一条回路），从国标角度看，应可满足二级负荷的供电要求，但注意此条有前置条件，首先环网是形成"闭环"，其次电源切换时间是否可满足要求。

应对措施：

设计师应提前与当地消防及供电部门沟通，熟悉当地做法。

问题【3.7】

问题描述：

消防用发电机房内的排风机、送风机的负荷性质如何划分？其电源从哪里引接较为合适？

原因分析：

1) 柴油发电机房的风机一般有以下几类：

(1) 大于 $50m^2$ 发电机房设置的排烟风机，应属于消防风机。

(2) 平时用于发电机房内通风换气的排风机，为非消防负荷。

(3) 发电机组进排风辅助风机，应属于消防风机。

2) 电气设计人员事先应向通风专业充分咨询，再根据发电机房内送（排）风机的不同使用性质而确定配电方案：

(1) 若送（排）风机在平时市电正常运行及停市电时，都可能投入使用，则其电源应接入市电/发电机组之双电源切换箱。

(2) 若送（排）风机在市电正常运行时并不投入使用，而仅仅在发电机启动时才投入使用，则其电源只需在发电机组自身引接而无须自市电电源引接。

应对措施：

发电机房内风机按消防用电考虑，但注意区分机房内不同风机用途，电源取电点有所不同。

问题【3.8】

问题描述：

柴油发电机房储油间未设通气管及带阻火器的呼吸阀。

原因分析：

根据《建筑设计防火规范》GB 50016—2014（2018 年版）第 5.4.15 条第 2 款："储油间的油箱应密闭且应设置通向室外的通气管，通气管应设置带阻火器的呼吸阀（须在电气或暖通图纸设计说明中注明）。"

应对措施：

按规范要求进行设置，选址注意尽量隐蔽且不易被破坏。

问题【3.9】

问题描述：

柴油发电机房及储油间探测器选型不当。

原因分析：

1) 依据《建筑设计防火规范》GB 50016—2014（2018 年版）第 5.4.13.6 条，"建筑内部其他部位设置自动喷水灭火系统时，柴油发电机房应设置自动喷水灭火系统"，发电机房灭火形式一般采用自动喷淋系统灭火系统，发电机房探测器选择感温探测器。

2）储油间灭火形式一般为干粉自动灭火系统，因该系统控制方式一般分为两种（温控、电控），若采用电控需由火警联动控制，则此时储油间探测器选择采用感温及感烟组合探测器，否则选择温感探测器即可。

应对措施：

发电机房及储油间探测器的选择应根据房间灭火形式进行选择，注意与给水排水专业进行确认上述场所的灭火形式。

问题【3.10】

问题描述：

柴油发电机房采用普通灯具；柴油发电机房储油间照明的普通翘板开关设置于储油间内。

原因分析：

根据《爆炸危险环境电力装置设计规范》GB 50058—2014，目前自备柴油发机组使用闪点大于60℃的柴油，故日用油箱间划为非爆炸危险场所。日用油箱间若真的按照爆炸危险场所设计，则建筑、结构、通风和电气等各个专业均须考虑防爆，否则前功尽弃；但目前规范或图集示例显然都没要求做到这些。

应对措施：

柴油发电机房储油间采用密闭型（防水防尘）的普通灯具，储油间灯具开关安装在储油间外可用普通型，安装在储油间内可用密闭型（防水防尘），配电箱不应安装在储油间内，接线盒也应采用密闭型（防水防尘）。

问题【3.11】

问题描述：

设有配电柜的柴油发电机房未考虑设置配电室。

原因分析：

依据《建筑设计防火规范》GB 50016—2014（2018 年版）第5.4.13.6条："建筑内部其他部位设置自动喷水灭火系统时，柴油发电机房应设置自动喷水灭火系统。"

若发电机房设置应急配电柜或独立的机组控制柜（一般600kW及以上机组控制柜与机组分设）时，建议将配电柜设置于柴油发电机房配电室（该配电室不设自动喷淋系统，配电室采取的灭火形式以给排水专业要求为准）。

应对措施：

设计师应根据项目机组容量及供电方案，评估是否需设置配电室。

问题【3.12】

问题描述:

储油间门槛设置高度不够。

原因分析:

1) 依据《建筑设计防火规范》GB 50016—2014（2018 年版）第 5.4.15 条第 2 款:"储油间的油箱应密闭且应设置通向室外的通气管,通气管应设置带阻火器的呼吸阀,油箱的下部应设置防止油品流散的设施。"

2) 一般在油箱间设置门槛,或在架空油箱下部设置等容量储油盆,或在地面设置等容量储油坑。

3) 若采用门槛阻止油品流散出储油间方案时,储油间储油容量不大于 $1m^3$,门槛高度需按此容量进行核算门槛高度。

应对措施:

按储油量不溢出储油间为原则,核算门槛高度。

问题【3.13】

问题描述:

柴油发电机房布置在地下室,但未在靠地下室外墙位置。

原因分析:

根据《民用建筑设计统一标准》GB 50352—2019 第 8.3.3.6 条:"当柴油发电机房设在地下时,宜贴邻建筑外围护墙体或顶板布置,机房的送、排风管(井)道和排烟管(井)道应直通室外,室外排烟管(井)的口部下缘距地面高度不宜小于 2.0m。"因柴油发电机房布置在靠外墙的位置,可减少送新风、排热风管道长度,减少送排风阻力,提高换气次数,通风效果好,不会降低柴油发电机组的出力(即输出功率降低),且要求热风和排烟管道井应伸出室外。

现场条件受限时,发电机房选址最好设在建筑物的非主入口面及背风面,以便处理设备的运输进出口、通风口和排烟等。尤其对于城市综合体等建筑体量较大的地下楼层,柴油发电机房通常布置在负荷中心,很难有一侧靠外墙。电气可与通风专业、建筑专业协商,由柴油发电机房设置垂直新风、排热风管道至裙房屋面,尽量减少送排风管道长度;减少送排风阻力,提高换气次数,达到良好通风效果,尽量减少影响柴油发电机组出力。

应对措施:

柴油发电机房选址应注意结合地面进出风井道位置及对地面影响综合排布。

问题【3.14】

问题描述：

发电机组排烟未采用高空排放，不满足环保要求。

原因分析：

1）目前多数做法是发电机烟气经消声、消烟处理后，由排烟管道引至室外低空排放或高层屋面排放，具体以环保部门批准为准。

2）烟气必须经过处理，排放的烟气指标标准需满足环保部门验收要求。

应对措施：

设计前期与环保部门提前沟通，根据环评报告确定尾气排放方案。

问题【3.15】

问题描述：

发电机出线至变电所内低压柜电缆/母线槽芯数选择不当。

原因分析：

1）当发电机房和变电所距离不远，其室内接地干线彼此相连通，且该接地干线能满足发电机配出线路的短路热稳定要求时，发电机至变电所内低压屏的低压电缆/母线，可采用四芯（三相相线＋N线），而采用上述接地干线作为其PE线。

2）当发电机房距离变电所较远或与变电所处于不同建筑物时，发电机至变电所内低压屏的低压电缆/母线，采用五芯。

应对措施：

根据项目不同实际情况，选择适合的线缆芯数。

问题【3.16】

问题描述：

应急发电机组选型未进行启动校验。

原因分析：

计算发电机容量时未对发电机组进行启动校验，导致机组选型偏小，影响设备正常启动。

应对措施：

应急发电机容量的确定：
1）稳定的负荷计算（通常按一个最大的着火点进行计算）。

2）最大单台电动机或成组电动机启动计算（注意与电动机启动方式有关）。

3）发电机母线允许电压降计算。

计算发电机时，需按上述三原则进一步对发电机组容量进行校验。

问题【3.17】

问题描述：

在一次设计阶段，变电所没有预留重要商业负荷备用电源回路，造成业主招商后，因商业的备用需求引起变电所出线和干线路由大的调整。

原因分析：

由于商业建筑多进行二次机电设计，在一次设计阶段对商业负荷没有作认真分析和判别。

应对措施：

商业按业态不同，负荷类型也比较多，其中有很多重要的负荷，例如大、中型商业和超市营业厅的备用照明，自动扶梯和空调用电，各类餐饮和超市的冰箱、冷柜用电等，一旦停电，对商业的经营造成很大的影响，因此在一次设计阶段需要了解项目商业定位和对备用电源的需求，并根据需要在变电所预留低压出线回路，在路由桥架和电气竖井预留空间，以保证后期二次机电设计能够满足重要商业对备用电源的需求。商业负荷中要用电负荷的供电方案，可以参考以下配电方案：

1）重要的商业负荷可以考虑接入本工程的备用母线段，如果是柴油发电机作为应急电源，计算柴油发电机容量时应在非消防重要负荷容量计算中考虑商业负荷一级及以上的重要用电负荷，二级负荷可以不算以降低柴油发电机容量，但二级负荷也接入柴油发电机备用电源系统，在柴油发电机容量有富余的条件下，可向二级负荷及其他重要商业负荷供电。

2）一次设计阶段在商业楼层电井内预留商业楼层备用电源总箱，采用密集母线向多个楼层供电，对于一级及以上负荷采用双电源供电。

问题【3.18】

问题描述：

发电机房进、排风短路。

原因分析：

柴油发电机机房的进风及排风口必须畅通，不合理的进、排风路线会导致机房内机组的热风在机房内循环，导致机房温度严重升高，从而影响发电机组正常运行，这是必须避免的。

应对措施：

设计师布置机房时规划好机房内发电机组的进排风布置，同时注意结合地面情况选择合适的进出风口位置。

气流组织见图 3.18：风向流经机组为最优方案，以利于机组散热。

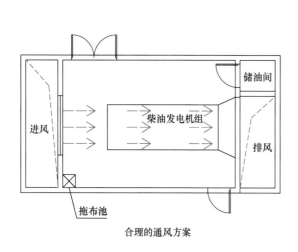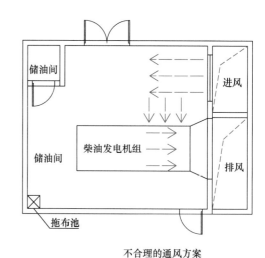

图 3.18　柴油发电机房气流组织示意图

问题【3.19】

问题描述：

发电机房洗烟未预留给排水接口条件。

原因分析：

发电机房设置洗烟措施时，电气专业须向给水排水专业提资。因为给水排水条件不会在电气专业图纸上表达，若不向水专业提资，设计阶段就会遗漏。导致后期设备厂家深化时，现场给水排水条件不能满足设置洗烟设施要求，造成不必要的工程量增加。

应对措施：

电气专业在完成本专业设计的同时，应向给水排水专业提资，预留发电机洗烟给水排水接口条件。

第4章 低压配电系统

4

问题【4.1】

问题描述：

施工图设计说明中各系统的施工要求、图例符号及设备主要技术要求（包括设备选型、规格及安装等信息）、电气节能及环保措施，与随后的电气系统图、平面图内容不一致或前后矛盾，给预算、订货和施工带来困扰，甚者引起返工，造成不必要的损失。

原因分析：

设计人员对施工图设计说明、工程图例、符号表等工程图纸的纲领性文件没有充分和足够的重视；施工图说明编制人员与施工图设计人员之间没有很好地衔接，导致全套施工图前后内容不一致；设计人、校审人的疏忽也容易导致施工图设计说明与随后的电气系统图、平面图内容不一致或前后矛盾。

应对措施：

首先，是设计人员对施工图设计说明、工程图例符号表等在施工图纸中的重要性要有充分的认识，新加入设计团队的人员应学习和了解本工程的基础内容，如施工图设计说明、工程图例等，并落实在后续的施工图设计中，不应急于求成。其次，是当施工图接近完成时应对电气施工图前、后内容进行必要的校核，图纸内容有遗漏、有矛盾时及时纠正和完善。

问题【4.2】

问题描述：

TN-S系统中有中性线回路选用三相三线式RCD保护，开关总跳闸，回路无法使用。在一些高档住宅小区，空调采用户内VRV集中空调，开关应选择三相四线式RCD保护，如果错误选择，开关无法投入使用，再有如潜污泵配电回路的RCD保护选择也存在同样问题。

原因分析：

设计人员或设备采购人员没有仔细研究三相漏电开关原理，错误选用开关产品。三相漏电开关错误接法如图4.2-1所示。

在图示错误选用漏电开关的接线中，三相电流和N线电流之和为0，即$I_a+I_b+I_c+I_n=0$，在回路正常工作时，由于三相电流不平衡，N线上有电流通过，因此$I_a+I_b+I_c\neq0$，零序电流互感器检测到不平衡电流通过，引起开关跳闸。

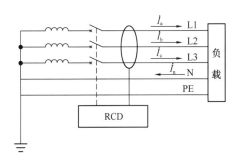

图4.2-1 三相四线＋PE线RCD保护错误接法

应对措施：

对 RCD 保护原理正确分析，准确选用产品，避免开关选择错误造成损失。三相 RCD 保护开关有三极和四极两种，正确接线方式如图 4.2-2 所示：

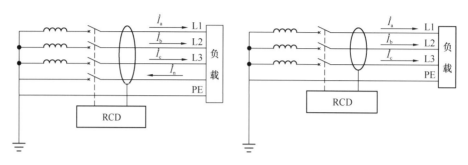

图 4.2-2 三相四线＋PE 线和三相三线＋PE 线 RCD 保护正确接线图

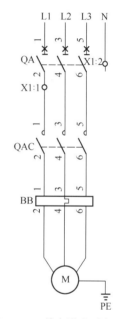

三极 RCD 保护开关可以用在 TN-S 系统中三相平衡无中性线的回路，例如，无中性线的电动机回路，其他有中性线的三相回路须选用四极 RCD 保护开关。

其他有类似问题的如潜污泵配电回路，应根据潜水泵控制回路从主回路接引电源的具体位置，确定应该采用三相四线式 RCD 或三相三线式 RCD。

图 4.2-3 是国标图集《常用水泵控制电路图》16D303-3 中的单台潜水泵主回路，控制回路的 220V 电源取自相线 L1 的 X1：1 和 N 线的 X1：2 点，控制回路电流通常大于 30mA，如果此时 QA 为三相三线式 RCD，由于 N 线没有穿过 RCD 感应线圈，那么感应线圈将检测到大于 30mA 的剩余电流，RCD 将在正常工作情况下启动保护。因此在图 4.2-3 情况下，应该采用三相四线式 RCD，且控制回路 N 线的电源引接点 X1：2 应设置在漏电线圈后。

图 4.2-3 单台潜水泵主回路

问题【4.3】

问题描述：

高层、超高层塔楼电梯配电回路开关及电缆和电梯参数不匹配，如未能及早发现，会造成配电箱开关和电缆规格选型不当，需要重新更换。

原因分析：

电梯确定品牌时间滞后，不同厂家电梯功率和电流等参数不一样。

应对措施：

在进行施工图设计时，如果电梯品牌未确定，可以先咨询甲方订货意向，并根据电梯运行楼层数量和电梯速度以及载重量初步确定功率和计算电流，待甲方订货确定电梯品牌以后，电气专业设计人应督促电梯厂家向设计单位提资，提资应包括电源容量和工作电流、功率因数，电梯控制柜内断路器或熔断器额定电流等，电源容量和工作电流应是考虑了电梯工作条件并包括附属电器的负荷，可直接用来选择开关和导线，设计应根据电梯厂家提资条件复核并修改对应回路的开关和电缆。

问题【4.4】

问题描述：

供配电系统设计和施工未考虑三相平衡，造成单相负荷过大，以至于在负荷高峰期出现开关跳闸的情况。

原因分析：

在单相配电比较多的场所，例如住宅和办公等场所，设计和施工调试时忽视了三相平衡的问题，严重时会造成以下问题：

1）配电系统效率低；楼层总配电箱三相进线开关和电缆选型均按负荷最大相选择，三相不平衡造成配电系统能够满足的用电负荷低。

2）N 线上电流大，线路电能损耗大，电压降大。

3）当变压器低压配电系统三相配电不平衡严重时，会造成变压器损耗增加，并产生零序电流，造成变压器发热。

4）造成配电系统三相电压不平衡，重负荷相电压低，轻负荷相电压高，并造成其他回路，例如电动机回路效率降低。

应对措施：

1）设计阶段在三相负荷分配时均匀分配，有条件时尽量采用三相供电，三相不平衡回路设计应注意要安装三相电流表，不能安装单相电流表。

2）设计阶段当回路有比较多的单相负荷时，应按以下标准计算二相总配电箱的负荷：当单相负荷的总计算容量小于计算范围内三相对称负荷总计算容量的 15％时，全部按三相对称负荷计算；当超过 15％时，应将单相负荷换算为等效三相负荷，再与三相负荷相加。

3）在施工和调试阶段，单相负荷应均匀分配到三相上，并注意观察三相电流，当出现三相电流不平衡时，要及时调整三相负荷接线的相序，以达到三相平衡。在项目投入运行以后，物业管理人员也需要多观察三相电流数据，尤其当有业态调整，或者局部用电负荷发生变化时，要根据三相电流数据做好三相平衡用电管理工作，防止发生三相负荷严重不平衡，出现单相过负荷，造成导线发热，甚至回路开关跳闸。

问题【4.5】

问题描述：

安装在户外的用电设备供电回路没有加装剩余电流保护器。

原因分析：

安装在户外的用电设备会采取防雨防水措施，但由于户外经常暴露在潮湿或者日晒的环境中，电气设备容易发生绝缘老化，再者户外用电设备一般采用落地安装，并且很难做到和人员完全隔离，当人接触到发生了漏电的设备外壳时，会导致人员电击事故。

应对措施：

根据《剩余电流动作保护装置安装和运行》GB/T 13955—2017 第 4.4 条的规定，安装在户外的电气设备应安装末端保护 RCD。

常见的户外电气设备包括：室外空调机、景观照明灯、广告灯牌、室外排水泵等。

室外用电设备，例如景观照明灯，在室外分散布置，无法做到和人员完全隔绝，多次发生人员触电事故，在配电回路上安装剩余电流保护器是保证人身安全的重要的保护措施。

室外用电设备还要根据本身使用条件，采取其他防电击措施，例如采取遮拦等隔离措施，选择适当的接地系统，选用适当的触电防护分类方式，比如特低电压供电等。具体可参考《工业与民用供配电设计手册》（第四版）第 15.2 和 15.3 章节。

问题【4.6】

问题描述：

远方控制的电动机没有采取就地控制和解除远方控制的措施。

原因分析：

现场设备事故修理和平时检修和维护需要在电动机设备上进行，由于电动机设备安装位置的原因，当设备远离电气的配电控制设备时，就地检修人员无法保证电动机不被启动，因此，应在就地采取防误操作联锁措施。

应对措施：

1）根据《通用用电设备配电设计规范》GB 50055—2011 第 2.5.4 条的规定："自动控制或连锁控制的电动机应有手动控制和解除自动控制或连锁控制的措施；远方控制的电动机应有就地控制和解除远方控制的措施；当突然启动可能危及周围人员安全时，应在机械旁装设启动预告信号和应急断电控制开关或自锁式停止按钮。"

接线原理参考图 4.6：

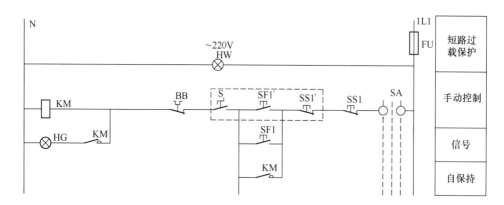

图 4.6　电动机就地解除远方控制原理接线图

图中，编号 S、SF1′、SS1′ 三个开关需要在安装在电动机现场能够就地操作的位置，S 是手动旋转开关，当打到"断开"位置时，远程和就地控制按钮均不能启动电机，以保障现场维护人员的安全。

2）现场条件许可时，可在电动机配电主回路上加装隔离开关或负荷开关，采用隔离开关箱或负荷开关箱安装在电动机就近位置。

问题【4.7】

问题描述：

VRV 空调室外机在设备订货后实际功率比设计值偏大，导致电气专业配电回路开关和电缆规格偏小，或者 VRV 空调室外机在根据计算电流选择开关及电缆后，实际运行中也会出现开关电缆规格偏小的情况。

原因分析：

1）空调的能效比实际上就是制冷（热）量与输出功率的比值，数值越大意味着相同的制冷量所耗费的能源越少。空调专业根据节能的要求，设计须满足相关规范的能效比参数，并按此要求选择空调主机功率，但通常厂家提供的能效标识依据仅是在实验室状态下测算的理想参数，在实际工况中，考虑到空调自身性能、恶劣的环境因素影响，实际的功耗往往大于铭牌标称值（表 4.7）。

规范 GB 12021.3—2010 空调器能效等级指标　　　　　　表 4.7

类型	额定制冷量（CC）	能效等级		
		1	2	3
整体式		3.30	3.10	2.90
分体式	CC≤4500W	3.60	3.40	3.20
	4500W＜CC≤7100W	3.50	3.30	3.10
	7100W＜CC≤14000W	3.40	3.20	3.00

2）空调厂家样本通常提供两种电流规格：一是最大熔丝电流 MFA，二是最小线路电流 MCA，按哪种选择线路保护不太确定。

应对措施：

1）空调专业提资时，向其确认所提设备功率是否已按极端工况下考虑，如未考虑，则需要电气设计人员在配电时适当放大配电开关及电缆规格。

2）根据空调厂家样本，MFA 为室外机组最大熔丝动作电流，应考虑到环境温升，建议按室外机组总电流（按最不利工况下长期工作电流），适当放大一定系数（例如 1.2～1.25 倍）选取，确保灵敏可靠。MCA 为厂家要求的线路持续载流量，建议按 MFA 确定线路电流，从而选择线路规格。

问题【4.8】

问题描述：

电梯配电箱系统图中，井道照明回路隔离变压器容量未标注，未考虑回路的电压降。

原因分析：

忽略主要元器件的参数选择，对交流线路的供电距离未认真核算。

应对措施：

1）依据《民用建筑电气设计标准》GB 51348—2019 第 9.3.4 条和第 9.3.6 条，井道照明电源宜采用 24V 半导体发光照明装置（LED）或其他光源，当采用 220V 时，应装设剩余电流动作保护器。

2）采用 24V 供电时，根据回路所接的灯具功率计算开关大小及隔离变压器容量。

3）考虑到高层建筑井道比较长、电压降较大，井道照明回路建议采用 220V 供电，设置漏电开关，并根据电压降选择导线截面。

问题【4.9】

问题描述：

低烟无卤或无烟无卤电力电缆、电线选择不当，不能满足规范要求。

原因分析：

对采用低烟无卤或无烟无卤电力电缆、电线原因不了解，对规范不熟悉。

应对措施：

采用阻燃的低烟无卤或无烟无卤电线电缆（即材料不含卤素，燃烧时产生的烟尘较少并且具有阻止或延缓火焰蔓延的电线电缆），以此可大大减少火灾事故中线缆燃烧后产生的烟雾和毒气，为火灾发生时人员争取到更多宝贵的逃生时间。这是采用低烟无卤或无烟无卤电力电缆、电线原因（表 4.9）。

低烟无卤或无烟无卤电力电缆、电线规范条文　　　　表 4.9

规范及标准名称	《民用建筑电气设计标准》GB 51348—2019	《住宅建筑电气设计规范》JGJ 242—2016	《博物馆建筑设计规范》JGJ 66—2015	《金融建筑电气设计规范》JGJ 284—2012
规范条文	13.9.1 为防止火灾蔓延，应根据建筑物的使用性质，发生火灾时的扑救难度，选择相应燃烧性能等级的电力电缆、通信电缆和光缆。民用建筑中的电力电缆选择除应符合本标准第 7 章的要求外，尚应符合下列规定： 1 建筑高度超过 100m 的公共建筑，应选择燃烧性能 B1 级及以上、产烟毒性为 t0 级、燃烧滴落物/微粒等级为 d0 级的电线和电缆； 2 避难层（间）明敷的电线和电缆应选择燃烧性能不低于 B1 级、产烟毒性为 t0 级、燃烧滴落物/微粒等级为 d0 级的电线和 A 级电缆； 3 一类高层建筑中的金融建筑、省级电力调度建筑、省（市）级广播电视、电信建筑及人员密集的公共场所，电线电缆燃烧性能应选用燃烧性能 B1 级、产烟毒性为 t1 级、燃烧滴落物/微粒等级为 d1 级； 4 其他一类公共建筑应选择燃烧性能不低于 B2 级、产烟毒性 t2 级、燃烧滴落物/微粒等级为 d2 级的电线和电缆； 5 长期有人滞留的地下建筑应选择烟气毒性为 t0 级、燃烧滴落物/微粒等级为 d0 级的电线和电缆； 6 建筑物内水平布线和垂直布线选择的电线和电缆燃烧性能宜一致	4.5 19 层及以上的一类高层住宅建筑，公共疏散通道的应急照明应采用低烟无卤阻燃的线缆。10～18 层的二类高层住宅建筑，公共疏散通道的应急照明宜采用低烟无卤阻燃的线缆	10.4.10 特大型、大型博物馆建筑内，成束敷设的电线电缆应采用低烟无卤阻燃电线电缆；大中型、中型及小型博物馆建筑内，成束敷设的电线电缆宜采用低烟无卤阻燃电线电缆	8.2.3 除直埋和穿管暗敷的电缆外，特级和一级金融设施主机房、辅助区和支持区的配电干线应采用低烟无卤阻燃 A 类电缆或母线槽 8.2.4 二级金融设施主机房、辅助区和支持区的配电干线宜采用低烟无卤阻燃 A 类电缆或母线槽 8.2.5 除全程穿管暗敷的电线外，特级和一级金融设施主机房、辅助区和支持区的分支配电线路应采用低烟无卤阻燃 A 类的电线 8.2.6 二级金融设施主机房、辅助区和支持区的分支配电线路宜采用低烟无卤阻燃 A 类电线

问题【4.10】

问题描述：

对电动机启动条件不加甄别，例如有一些设计说明中要求电动机功率超过一定数值就采用降压启动方式，造成降压启动方式使用过度，一方面增加成本，另一方面对电动机自身的使用有很多不利的影响。

原因分析：

1. 机电其他专业提资条件不够详细，电气设计人员不了解电动机启动工况，担心电动机启动失败。

2. 不了解电动机降压启动对电动机启动和电机本身造成的不利影响。

应对措施：

1. 应正确掌握规范相关要求，《通用用电设备配电设计规范》GB 50055—2011 第 2.2.3 条规定，当符合配电母线电压、冲击转矩、制造厂无特殊规定三个启动条件时，应采用全压启动方式。按照上述规范的规定，当电动机符合全压启动条件时，应采用全压启动，不能采用降压启动或其他启动方式。只有当不满足全压启动条件时，才选择降压启动或其他适当的启动方式。

另电动机选择时应注意第 2.2.3 条中规定，当机械为重载启动时，笼型电动机和同步电动机的额定功率应按启动条件校验；根据这条规范，重载启动的电动机应按电动机启动条件进行校验，如果启动条件不满足，应加大电动机容量或者选用启动特性较好的电动机，而不是通过改变启动方式来满足要求。

2. 应了解降压启动对电动机启动和电机自身的影响，降压启动的目的是通过降低电动机定子电压的方法来限制启动电流，从而降低对配电系统的冲击，减小系统电压的下降。

笼型电机的启动电流与端子的电压成正比，降压启动时通过降低电压方式使启动电流下降，同时启动转矩下降，因此降压启动方式只适合不满足全压启动条件，又对启动转矩要求不高的场合。

对于启动条件严酷的电动机，应尽可能采取全压启动，降压启动会造成启动更加困难，降压启动只适合空载或轻载启动的场所，另外降压启动时电动机绕组发热比全压启动要严重，因此降压启动对电动机本身而言也有着不利的影响。

3. 低压笼型电动机启动方式的简易判断

通常可先进行负荷容量估算，当电动机额定功率不超过供电变压器额定容量的 30%，可采用全压启动，当估算的结果处于边缘的情况时，才需要进行详细的计算。按电源容量估算的允许全压启动的电动机最大功率见表 4.10。

按电源容量估算的允许全压启动的电动机最大功率表 表 4.10

电动机连接处电源容量的类别		允许全压启动的电动机最大功率/kW
配电网络在连接处的三相短路容量 S_{SC}/kVA		$(0.02\sim0.03)\,S_{SC}$ *
10(6 或 20)/0.4kV 变压器的容量 S_{rT}/kVA （假定变压器高压侧短路容量不小于 $50S_{rT}$）		经常启动为 $0.2S_{rT}$ 不经常启动为 $0.3S_{rT}$
小型发电机功率 P_{rG}/kW		$(0.12\sim0.15)\,P_{rG}$
$P_{rG}\leqslant200$kW 的柴油发电机组	碳阻式自动调压	$(0.12\sim0.15)\,P_{rG}$
	带励磁机构的可控硅调压	$(0.15\sim0.25)\,P_{rG}$
	可控硅、相复励自励调压	$(0.15\sim0.3)\,P_{rG}$
	三次谐波励磁调压	$(0.25\sim0.5)\,P_{rG}$
	无励磁	$(0.25\sim0.37)\,P_{rG}$

注：* 对应于电动机启动电流倍数为 4.5～7 时。

问题【4.11】

问题描述：

高层建筑电梯井道照明回路隔离变压器二次侧选用 2P 开关及对应回路采用三根电线。

原因分析：

设计人员不清楚隔离变压器二次侧不可接地，此隔离变压器二次侧的任何带电导体不允许接地，以防止电源侧高电位通过 PE 引入隔离变压器二次侧。

应对措施：

隔离变压器二次侧开关只需选择 1P，对应回路电线选择 2 根即可。

问题【4.12】

问题描述：

《低压配电设计规范》GB 50054—2011 第 5.2.11 条：当 TN 系统相导体与无等电位联结作用的地之间发生接地故障时，为使保护导体和与之连接的外露可导电部分的对地电压不超过 50V，其接地电阻的比值应符合下式的要求：

$$\frac{R_B}{R_E} \leqslant \frac{50}{U_0 - 50} \qquad 式(4.12\text{-}1)$$

式中：R_B——所有与系统接地极并联的接地电阻，Ω；

R_E——相导体与大地之间的接地电阻，Ω。

第 5.2.12 条：当不符合本规范公式的要求时，应补充其他有效的间接接触防护措施，或采用局部 TT 系统。

有的设计人员对于这两条规范不理解。

原因分析：

这两条是对于 TN 接地系统相导体发生与无等电位联络的地间之接地故障时提出的防间接接触之要求，其示意图如图 4.12：

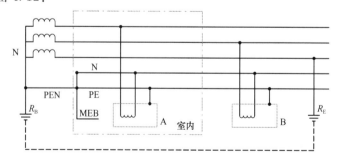

图 4.12　TN 接地系统相导体发生与无等电位联络的地间之接地故障

这种情况通常发生在架空线路碰杆或断线，以及电缆线路爆裂等，等效电路类似 TT 系统。图示为 TN-C-S 系统，设备 A 装在建筑物内，作了总等电位联结（MEB），设备 B 装在室外，变压器低压侧中性点接地电阻为 R_B，发生相导体在户外接地故障时之接地电阻为 R_E，此时故障电流：

$$I_d = \frac{U_0}{R_B + R_E} \qquad 式(4.12\text{-}2)$$

式中：U_0——相导体对地标称电压，V。

I_d 通过 R_B 产生电压降 U_N，即在 N 点对地电位，如 $U_N > 50V$，将通过 PEN、PE 线传到设备（A、B）之外露可导电部分，造成不安全因素，主要是 B 在户外没有等电位联结，承受 50V 以上电压可能造成电击。

因此要求：

$$U_N \leqslant 50V \qquad\qquad 式(4.12\text{-}3)$$
$$由于 U_N = I_d R_B \qquad\qquad 式(4.12\text{-}4)$$

式(4.12-2)、(4.12-3)代入式(4.12-4)得：

$$50 \geqslant \frac{U_0}{R_B + R_E} \cdot R_B$$

经整理后得：

$$\frac{R_B}{R_E} \leqslant \frac{50}{U_0 - 50} \qquad\qquad 式(4.12\text{-}1)$$

式（4.12-1）即为《低压配电设计规范》GB 50054—2011 第 5.2.11 条的规定。

应对方法：

为使 $U_N \leqslant 50V$，应采取的措施：

1）采用局部 TT 系统，特别是无等电位的户外设备，避免 U_N 通过 PE 线传递到设备外壳。

2）如用 TN 系统应尽量降低 R_B 值，式（4.12-1）要求 $R_B/R_E \leqslant 0.294$，最好 $R_B < 1.5 \sim 2$（Ω）

问题【4.13】

问题描述：

特低电压供电，隔离变压器二次侧未设保护电器。

原因分析：

隔离变压器二次侧未装设保护电器，不能有效地保护二次侧过负荷，详见图 4.13（a）。

应对措施：

可在隔离变压器二次侧设置熔断器保护，详见图 4.13（b）。

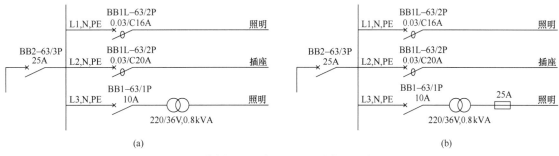

(a)　　　　　　　　　　　　　　　　　　(b)

图 4.13　特低电压隔离变压器二次侧设置保护电器

问题【4.14】

问题描述：

设计师有时遗漏设置非消防负荷回路部分配电开关的分励脱扣器，致使发生火灾时消防联动控制器无法切断火灾区域及相关区域的非消防电源。

原因分析：

根据《火灾自动报警系统设计规范》GB 50116—2013 第 40.1 条：消防控制室在确认火灾后，消防联动控制器应具有切断火灾区域及相关区域的非消防电源，切除非消防电源是为了使火灾应急照明及消防负荷更可靠运行和保障消防人员的安全，无论是集中切除还是分散切除，因在该回路的配电开关未装设分励脱扣器，所以火灾时无法实现切除非消防负荷。

应对措施：

在非消防电源馈出回路的主断路器均设分励脱扣器，控制线接至消防控制中心，以便在火灾状态下可由消防控制中心手动或自动切除相关区域内的非消防电源。

问题【4.15】

问题描述：

低压配电系统图中，低压配电屏母线上未设置浪涌保护器，而是把浪涌保护器设置在变压器低压侧与断路器之间，这种做法不满足规范的要求，如图 4.15（a）。

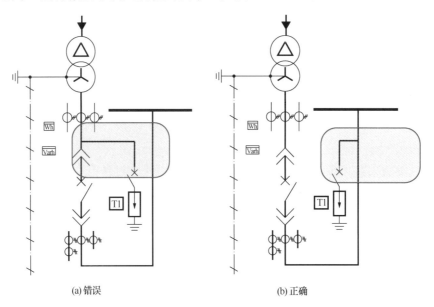

图 4.15　低压配电屏母线上浪涌保护器接线位置图

原因分析：

《建筑物防雷设计规范》GB 50057—2010 第 4.3.8 条（强条），在低压侧的配电屏上，当有线路引出本建筑物至其他有独自敷设接地装置的配电装置时，应在母线上装设 I 级试验的电涌保护器。电涌保护器的电压保护水平值应小于或等于 2.5kV。如果变压器低压侧的浪涌保护器设置在变压器与出口断路器之间，当出口断路器处于分断位置时，低压配电屏母线上就缺少了浪涌保护器的保护。同时从《交流电气装置的过电压保护和绝缘配合设计规范》GB/T 50064—2014 第 5.5.2 条"10～35kV 配电变压器的低压侧宜装设一组 MOA（金属氧化物避雷器），以防止反变换波和低压侧雷电侵入波击穿绝缘。"可以看出，变压器低压侧与出口断路器之间未必一定要设置浪涌保护器。

应对措施：

变电所低压配电系统的浪涌保护器应设置在低压配电柜母线上，并紧靠变压器低压出口断路器。如图 4.15（b），这样既满足规范《建筑物防雷设计规范》GB 50057—2010 第 4.3.8 条的要求，当变压器低压侧断路器处于合闸位置时，兼顾了《交流电气装置的过电压保护和绝缘配合设计规范》GB/T 50064—2014 第 5.5.2 条的要求。

问题【4.16】

问题描述：

低压配电系统中选择低压配电电缆截面面积偏小，没有考虑电缆敷设环境的影响，系统投入运行后可能造成电缆温升超标，使电缆的有效使用寿命显著缩短，给以后的运营留下安全隐患。选择耐火电缆时，由于耐火电缆承受的长期允许最高工作温度较高，有的设计按正常工作情况选择耐火电缆，其截面面积比普通电缆还小一级。

原因分析：

设计人员没有充分认识到电线电缆敷设环境对电缆载流量有不可忽视的影响，对用电负荷电流计算流于形式。选择耐火电缆时，由于耐火电缆承受的长期允许最高工作温度较高，相同截面面积的电缆载流量常温情况比普通电缆大 1～2 级，但没有考虑火灾情况下耐火电缆穿过火灾区域时高温引起的导体电阻大幅增大从而电压降增加的影响。目前燃烧试验测得的导体温度大约 500℃，导体的电阻大约增至 3 倍。

应对措施：

1）对于变电所低压配电系统图，电缆截面面积选择应考虑各种敷设因素的影响，一般在桥架（线槽）中按单层敷设设计，并遵循以下对应关系：

≤40A—10mm²	50～63A—16mm²	80A—25mm²	100A—35mm²	125A—50mm²	160A—70mm²
200A—95mm²	225A—120mm²	250A—150mm²	315A—185 mm²	350A—240mm²	

本对应关系适合变压器容量 500～2500kVA，约涵盖 90％的建筑电气施工图。

2）选择耐火电缆应注意，因着火时导体温度急剧升高导致电压降增大，应按照着火条件（一般取环境温度 500℃）核算电压降，以保证重要设备连续运行。只要将按正常情况选择的电缆截面面积放大 1～2 级，通常即可满足着火条件下的电压偏差不超过 10％的条件。

3）因按照常温运行条件下选择耐火电缆的截面面积可以小 1～2 级，而按照火灾高温时选择耐火电缆的截面面积又需要放大 1～2 级，故上面选择电缆的对应关系仍然适用于消防设备配电电缆选择的要求。

问题【4.17】

问题描述：

变电所消防配电回路上，有些设计采用了过负荷脱扣断路器，为避免过负荷跳闸，按线路计算电流的 1.5 倍选取。这种做法放大了电缆截面，不经济。

原因分析：

现常用的断路器产品中，能同时满足《低压配电设计规范》GB 50054—2011过负荷保护"不应切断线路，又可作用于信号"的产品极少，仅有个别厂家的某一产品能完全符合本条规范的要求。

应对措施：

1）过负荷整定电流按线路计算电流的1.1～1.2倍选取，断路器选择带热磁附件或相同功能的电子脱扣器产品，但热元件不作用于脱扣，仅动作时作用于报警。

2）按常规的方法设计，导体截面面积按线路计算电流的1.1～1.2倍选取，断路器选择单磁脱扣器（不带热元件脱扣的）断路器或相同功能的电子脱扣器产品，缺点是配电回路过负荷时没有作用于信号的功能。

3）在经济条件许可的情况下，线路过负荷电流也可按计算电流的1.5倍整定，配电电缆按相应的整定电流选取。

问题【4.18】

问题描述：

低压配电回路没有按维护和检修要求设置隔离开关，对维护、测试和检修线路和设备产生安全隐患。

原因分析：

1）对低压配电系统维护、检修需要采用隔离开关或具有隔离功能的断路器，对需要维护、检修的设备与带电部分隔离没有充分的认识，对低压配电安全运行、维护和规范不熟悉。

2）认为只要是断路器就具有隔离功能。

应对措施：

1）熟悉《供配电系统设计规范》GB 50052—2009和《低压配电设计规范》GB 50054—2011对需要设置隔离开关或隔离电器的场所，如：由建筑物外引入的配电线路应在室内分界点便于操作维护的地方装设具有隔离功能的电器；每层楼的总配电箱内应设置具有隔离功能进线开关；电动机主回路应设置具有隔离功能断路器等。

2）需要使用带有隔离功能开关的场所设计图纸中应增加采用带有隔离功能的图形符号。

3）设计时对所选用的断路器是否具有隔离功能，应查阅厂家的产品资料进行确认；当断路器不具有隔离功能时，应在断路器前增加隔离的开关，或直接选用具有隔离功能的断路器。

问题【4.19】

问题描述：

交流电动机采用低压断路器配电时，短路保护用的瞬时脱扣器在配电距离较远的情况下不能满足接地故障保护的要求，而接地故障是交流电动机发生的故障中最多的故障，如不及时消除，存在火灾和触电的安全隐患。

原因分析：

当电动机至变电所之间的距离较远（电气距离大于100m），单相接地故障电流就可能小于低压断路器的瞬时脱扣器整定值时（兼接地故障保护）开关就不会动作，例如：5.5kW 三相交流电动机，额定电缆 11A，选择开关 I_n＝20A，瞬时脱扣电流 I_3＝$20I_n$，4×4 铜芯导线，供电 50m，单相接地故障电流 I_d＝341A，瞬时脱扣电流 I_3＝20×20＝400A，这时低压断路器的瞬时脱扣器就不会动作，不会切除接地故障。也不满足《低压配电设计规范》GB 50054—2011 第 6.2.4 条"被保护线路末端的短路电流不应小于断路器瞬时或短延时过电流脱扣器整定电流的 1.3 倍"的要求。

应对措施：

1）设置剩余电流保护电器。

2）调整断路器整定电流，适当增大导线截面，增设辅助等电位联结或局部等电位联结等一种或多种措施消除接地故障带来的影响。

问题【4.20】

问题描述：

室内高压配电电缆、备用柴油发电机组出线电缆（或母线槽）选用电线电缆或母线槽型号不当，不能满足《建筑设计防火规范》GB 50016—2014（2018 年版）要求。

原因分析：

没有按规范要求对具体情况进行分析，当两个高压配电室（变电所）相邻时，无论哪一个高压配电室（变电所）发生火灾，该路 10kV 电源均无法继续使用，故跟选用的高压电缆是否耐火型没有关系，这时可选用普通 10kV 电缆；当两个高压配电室（变电所）之间有其他房间时，其他房间发生火灾就会影响两个变电所的安全运行，这时候选用耐火型 10kV 电缆并采取防火保护措施就可以保证两个高压配电室（变电所）的安全运行，保证消防负荷供电的连续性。

应对措施：

1）从 10kV 配电室配出的高压电缆至下一个 10kV 配电室，如果两个配电室不在同一个防火分区且又不相邻的情况下，高压配电电缆应采用耐火型电缆，应穿金属导管或采用封闭式金属槽盒保护，金属导管或封闭式金属槽盒应采取防火保护措施。当两个高压配电室相邻或属于同一个变电所时，可选用普通高压电缆。

2）备用柴油发电机组出线电缆（母线槽）是否选用耐火电缆的情况与前类似，从备用发电机配电室配出的电缆至下一个低压配电室，如果两个配电室不在同一个防火分区且又不相邻的情况下，配电电缆应采用耐火型电缆或耐火型母线槽，电缆应穿金属导管或采用封闭式金属槽盒保护，金属导管或封闭式金属槽盒应采取防火保护措施。当两个配电室相邻或属于同一个变电所时，可选用阻燃电缆。

问题【4.21】

问题描述：

低压配电系统上下级保护器件选择不当，当线路发生短路故障时，经常上下级开关同时动作，影响一、二级负荷正常运行，扩大了停电范围，不满足规范要求（规范要求：只有非重要负荷的保护电器，可采用部分选择性或无选择性切断）。

原因分析：

设计人员没有注意到要实现"配电线路装设的上下级保护电器，其动作特性应具有选择性，且各级之间应能协调配合"的难度，对怎样设置和选择保护电器不甚理解，对短路电流的分布情况没有细致分析。

低压配电系统中，当低压母线配电断路器出口处短路时，流过总电源断路器和故障回路的配电断路器的电流几乎相同，如果故障电流 I_r 足够大，以至于 $I_r > I_{ra}$，$I_r > I_{rb}$，上下级断路器将会同时动作即无选择性动作。

I_r——故障电流，I_{ra}——上级断路器的瞬时动作电流整定值，I_{rb}——下级断路器的瞬时动作电流整定值。

例如，从变电所低压配电屏至配电室分配电屏属于第一级配电，由分配电屏至动力配电箱属于第二级配电，由动力配电箱至终端用电设备属于第三级配电。

一个配电屏（箱柜）的进线开关与出线配电开关属于上下级的关系，同一个回路（中间无分支）上的前、后级开关属于同一级。

应对措施：

当采用"电流选择性保护"不能满足要求时，可优选考虑"时间—电流选择性保护"，另外，还可以采用"区域（或逻辑）选择性保护"。各种保护配合方式的特点如下：

1）电流选择性保护：通过断路器的壳架电流及整定电流的级差来实现选择性。

缺点：短路电流不能太大，如果短路电流太大，同时达到了上下级保护开关的瞬时动作值，上下级开关可能会同时动作而失去选择性。这种方法简单但选择性较差，不适用于有一、二级负荷的低压配电系统，主要适用于终端配电设备（只具部分选择性）。

2）时间—电流选择性保护：当电流选择性不能满足配电要求时，可考虑时间—电流选择性保护。

这种情况下两个开关打了一个时间差，当故障电流都达到了A、B的动作值，但是，A设定比B晚一些时间，可实现B先动作，为保险起见，动作时间级差一般取0.2s；同时，这也是通常建议在变压器低压出口断路器上取消瞬时动作的原因。

这种保护配合的缺点是对于配电级数较多且靠近电源的断路器，由于配电级数的增加，切断故障的时间会不断延长，对系统供电的稳定性造成威胁；且故障持续时间越长，对应电缆截面面积就要增大（电缆的热稳定校验）。因此，低压配电系统的级数有不宜超过3级的说法。

3）区域（或逻辑）选择性保护：通过具有逻辑关系功能的智能型断路器，上下级断路器之间设置逻辑联锁，当下级断路器保护区发生故障，电流大于脱扣器整定值时，给上级断路器发出逻辑等待命令，使上级脱扣器延时动作；只有没有接收到下一级断路器的闭锁信号又有故障电流通过时该级断路器才会动作。

问题【4.22】

问题描述：

深圳市福田区某新建成的超高层办公楼于2019年3月及2019年10月7日均发生1~5号变配电房低压配电柜进线总开关同时跳闸情况。

原因分析：

1）根据高压配电进线柜综合继电保护系统记录显示：发生故障时，高压电源进线端有250ms

左右的失压波动，可能是电网闪络或系统偶尔震荡。

2）经核查，深化设计图纸并没有完全按照设计图纸实施，在低压进线总开关设置了欠压脱扣器，脱扣延时时间设定为 80ms。判断停电原因为低压进线总开关设置了欠压脱扣器，且欠压脱扣延时时间大于市政高压线路发生闪络导致的闪络保护动作到恢复供电的时间，从而导致 5 个变配电房的低压进线总开关欠压脱扣器动作跳闸。

应对措施：

根据中国南方电网《深圳中低压配电网规划技术实施细则》（2018 年修订版）相关要求：低压进线断路器不宜设置低电压脱扣装置。并结合中国南方电网《10kV 及以下业扩受电工程典型设计图集》（2018 年版）中高压系统接线配置图。应对措施有 3 种：

1）变压器低压出口断路器不设置欠压脱扣装置。

2）低压进线总开关若设置欠压脱扣装置，建议改为失压脱扣器只报警不动作。

3）市政高压线路闪络保护动作到恢复供电的时间会在 1s 以内，低压进线总开关若设置欠压脱扣装置，改用动作延时时间较长的脱扣器（建议延时时间大于 1s）。

问题【4.23】

问题描述：

电动机星—三角启动中各电气元件参数不能正确选择。

原因分析：

设计人员对电动机星—三角启动时各元器件所处位置和通过的电流不能正确理解和计算，以致不能正确选择元器件的参数。

应对措施：

分析电动机在星形状态和三角形状态下运行时各电气元件中通过的电流，以便于设计人员正确选择元器件参数。

电动机在正常运行时为三角形接线状态（图 4.23），其额定电流为：

$$I_N = \frac{P_N}{\sqrt{3}U_N \cos\varphi} \qquad 式(4.23-1)$$

式中：P_N——电动机额定功率；

　　　U_N——电动机额定电压；

　　　I_N——电动机额定电流。

1）电动机星形运行时：KM1、KM2 闭合，KM3 断开。

星形运行时：电流互感器 TA、热继电器 KH、接触器 KM1、KM2 处于星形绕组中，此时该处流过的电流为：

$$I_{TA,KH,KM1,2} = 0.33I_N \qquad 式(4.23-2)$$

2）电动机三角形运行时：KM2、KM3 闭合，KM1 断开。

三角形运行时：电流互感器 TA、热继电器 KH、接触器 KM2、KM3 处于三角形绕组回路中，通过相电流，该处流过的电流为：

$$I_{TA,KH,KM2,3} = \frac{1}{\sqrt{3}}I_N = 0.58I_N \qquad 式(4.23-3)$$

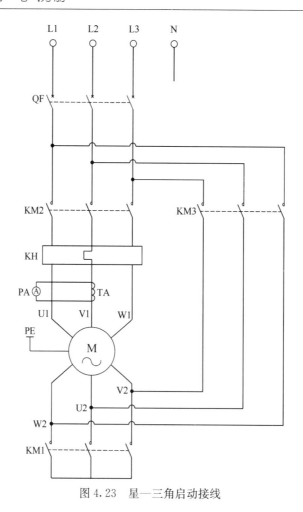

图 4.23 星—三角启动接线

问题【4.24】

问题描述：

无功补偿柜总开关（刀熔开关）整定电流或熔丝电流未按电容器组额定电流 1.35 倍选择。

原因分析：

设计人不了解并联电容器运行时高次谐波引起的稳态过电流，未按稳态过电流最大值进行整定。

应对措施：

应根据《20kV 及以下变电所设计规范》GB 50053—2013 第 5.1.4 条，"并联电容器装置的电器和导体应符合在当地环境条件下正常运行、过电压状态和短路短路的要求，其载流部分的长期允许电流应按稳态过电流的最大值确定。并联电容器装置的总回路和分组回路的电器和导体的稳态过电流应为电容器组额定电流的 1.35 倍"来确定电容器柜总开关整定电流和熔丝电流。

问题【4.25】

问题描述：

住宅套内 1.8m 及以下电源插座采用普通型插座。

原因分析：

对规范不熟悉，设计不到位。

应对措施：

依据《住宅建筑设计规范》GB 50368—2005 第 8.5.5 条的要求应采用安全型插座，并在相应的施工图设计文件中明确：a. 在电气施工图设计说明中体现；b. 在图例符号和材料表中说明。

问题【4.26】

问题描述：

1）民用建筑公共配套与非公共配套的交叉配电无法实现独立计量，非公共配套的设备占用公共配套的使用空间，导致无法按时办理移交手续，后期整改施工难度大，建设成本增加较多。

2）工程项目中公共配套类用电负荷未设置计量电表，办理移交时政府接收部门要求有独立的计量电表，不能按时办理公共配套移交手续，供电公司后期电表申请难度大。

3）与村里合作开发的项目，部分住宅、商铺、办公等需返回给村里运营管理，对此部分的配电不明确或配电交叉混乱，无法实现独立计量。

原因分析：

1）电气设计人员对项目中的公共配套设计范围不清楚，与建筑专业缺乏及时、有效的沟通。

2）电气设计人员在配电系统设计时对政府单位的费用出账方式不了解，公共配套接收部门要求电费账单能够直接对接供电公司。

3）返迁村里的各项面积指标和平面分布位置难以及时确定、可变性较大，施工图设计时无法一次性设计到位，需二次配合。

应对措施：

1）目前深圳项目在政府规划批复时均要求设置一定的公共配套设施，如首末公交场站、公共配套垃圾房、公共配套休闲娱乐房、公共配套充电设施、公共配套影院等。在施工图设计时应与建筑专业落实本项目的各项公共配套面积指标和平面分布位置。

2）与甲方确认好各项公共配套的接收单位，做好公共配套用电计量点的配电系统设计。

3）与甲方和建筑专业落实返迁村里的各项面积指标和平面分布位置，作好返迁用电计量点的配电系统设计。

问题【4.27】

问题描述：

1）大型商业综合体项目室外管线预埋数量管不足，后期增加亮化或装饰氛围灯需破坏较大范围的景观绿化和地面硬铺装，后期整改施工难度大，建设成本增加较多。

2）地下室停车场的标识可能采用电源灯箱的形式，车道出入口位置为横向的大灯箱，车库普通照明箱未预留标识灯箱的用电回路，配电箱生产后无备用安装空间，后期现场改造难度大。

3）变配电房、电梯机房、水泵房控制室、制冷机房控制室等房间物业后期可能增加空调设备，施工图设计时未考虑各设备房的空调配电回路，后期现场改造难度大。

原因分析：

1）大型商业综合体项目不确定因素多，商业管理公司在策划商业营销氛围和美化商业室外外围可能会增加较多且分散用电点，造成二次施工和返工。

2）地下室车库的标识是否采用电源灯箱形式，各地产公司运营要求不一致，设计难以把握。

3）变配电房、电梯机房、水泵房控制室、制冷机房控制室等为物业运营长期有人工作的房间，南方夏季温度较高再加上设备自身的发热量，房间内温度较高，物业后期会增加空调设备。

应对措施：

1）在总图电气设计或景观电气设计时应考虑大型商业综合体项目后期的可变性，可能增加室外美化标识、人行指引标识、车型指引标识、缠树星星灯等用电点。施工图设计时在地下室外墙四周预留一定数量的备用穿墙套管，在室外手孔井之间备用一定数量的埋管，景观照树灯等配电回路预留一定的用电容量。由于景观电气设计相比一次电气设计时间滞后，室外景观专项设计后应将设计条件反提给一次施工图修改调整地下室外墙预埋管的数量。

2）地下室车库普通照明箱预留一定量的备用回路，或者照明箱预留一定的安装空间。

3）电气施工图设计时预留变配电房、电梯机房、水泵房控制室、制冷机房控制室等房间的空调电源回路。

问题【4.28】

问题描述：

1）排油烟风机配电不完整，配电箱生产时未预留足够的空间，导致后期配电箱现场整改难度大。

2）排油烟风机仅有现场启停控制，无自动启动控制方式，导致后期商铺运营时需要人工现场逐一启停。

原因分析：

1）电气设计人员对排油烟风机的产品不够了解，排油烟风机有三大用电设备：排油烟风机（380V）、油烟净化器（220V）、排油烟风机散热风扇（380V）。排油烟风机启动时排油烟风机散热风扇和油烟净化器也应同步启动。

2）电气设计人员对后期物业、商业运营的便捷性欠缺考虑。

应对措施：

1）配电设计时排油烟风机控制箱应对排油烟风机、油烟净化器、排油烟风机散热风扇（排油烟风机配套）分别配电，并预留BA控制或其他控制方式的接口。

2）商业综合体等有BA控制系统的项目，建议由BA控制系统远程启停排油烟风机，并连锁启动排油烟风机散热风扇和油烟净化器。

3）住宅等未做BA控制系统的项目，建议设置定时器分时段控制排油烟风机的启停，并连锁启动排油烟风机散热风扇和油烟净化器。

排油烟风机控制箱系统和控制原理见图4.28-1、图4.28-2。

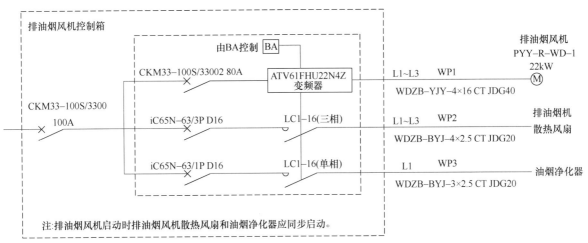

图 4.28-1　排油烟机配电箱配电系统图

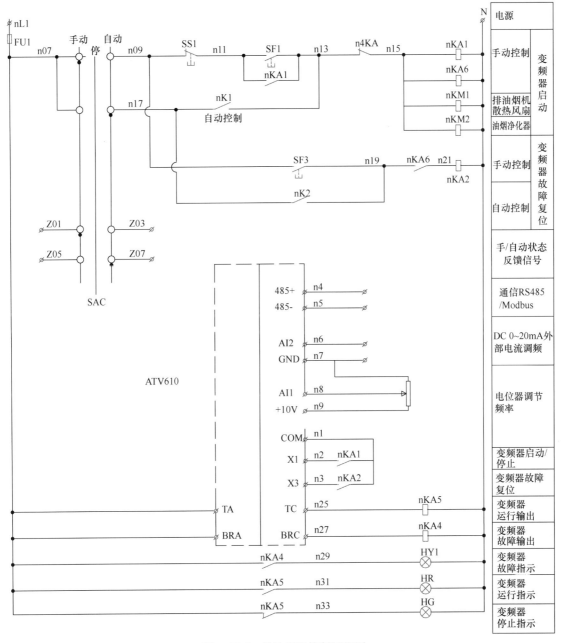

图 4.28-2　排油烟机控制原理图

问题【4.29】

问题描述：

采用熔断器作为配电线路保护时，常将 aR、gG/gL、aM 型熔断器混淆使用，造成不能对配电线路进行有效保护。

原因分析：

不能区分 aR、gG/gL、aM 熔断器符号的含义，故不能正确选择恰当的熔断器。

应对措施：

学习和掌握 aR、gG/gL、aM 熔断器符号的含义，选择正确的熔断器作为配电线路的保护电器。

熔断器标注的 aR、gG/gL、aM 等符号代表的是熔断器的使用功能和保护对象，第 1 字母表示功能等级，而第 2 字母是表示被保护的对象。

第 1 字母含义：

a：局部范围保护（后备保护熔断器）。

g：全范围保护（一般用途熔断器）。

第 2 字母含义：

G：电缆和导线保护（一般应用）。

M：开关电器保护（电动机回路的保护）。

R：半导体保护（用作整流器保护）。

L：电缆和导线保护（根据 DIN VDE 规定）。

根据以上熔断器的使用功能和保护对象含义，当熔断器用于配电线路保护时，应采用 gG/gL 型熔断器。

问题【4.30】

问题描述：

在比较大、有较多防火分区或可燃材料的仓库内，双电源切换箱、应急照明等配电箱和开关设置在仓库内。

原因分析：

大型可燃材料仓库内分多个防火分区，配电支线又不能穿越防火分区，有的设计师就近设置配电箱及开关位置，使双电源切换箱、应急照明配电箱等没能放在库区外。

应对措施：

一般来讲，每个防火分区应有两个安全出口，而且每个防火分区必须至少有一个直通室外的安全出口，因此是有地方放置配电箱的。配电箱和开关应独立设置在每个防火分区直通室外门口外位置，以满足《建筑设计防火规范》GB 50016—2014（2018 年版）第 10.2.5 条的规定。

问题【4.31】

问题描述：

从低压配电柜正常电源、人防电站电源各引出一个回路，链接式给几个人防单元供电。

原因分析：

电力系统电源进入防空地下室的低压配电室内，并由此至各个防护单元的配电回路以链接式配电，同样人防电站控制室至各个防护单元的配电回路也以链接式配电。这样各防护单元电源就不独立，互相影响，没自成系统，不满足《人民防空地下室设计规范》GB 50038—2005 第 7.4.9 条的规定。

应对措施：

电力系统电源进入防空地下室的低压配电室内，由它配至各个防护单元的配电回路应独立，同样人防电站控制室至各个防护单元的配电回路也应独立，均以放射式配电。战时内部电源配电回路的电缆穿过其他防护单元时，应采取与受电端防护单元等级相一致的防护措施。

问题【4.32】

问题描述：

电气线路有多级 RCD 串联使用时，上下级 RCD 选择的额定剩余动作电流不匹配。

原因分析：

当多个 RCD 串联使用时没有使上下级 RCD 之间实现有选择性动作，RCD 没有利用额定剩余动作电流 $I_{\Delta n}$ 和动作时间 t 的级差来保证动作的选择性。

应对措施：

1）上级 RCD 的额定剩余动作电流 $I_{\Delta n}$ 至少应比下级 RCD 的额定剩余动作电流 $I_{\Delta n}$ 大三倍。

2）单台电气机械设备，可根据其容量大小选用额定剩余动作电流 30mA 以上、100mA 及以下，末端回路的 RCD 应为瞬时动作，而上级 RCD 应选用延时型，上下级 RCD 的动作时间差不小于 0.1s，以满足《剩余电流动作保护装置安装和运行》GB/T 13955—2017 第 5.7 条的相关规定（图 4.32）。

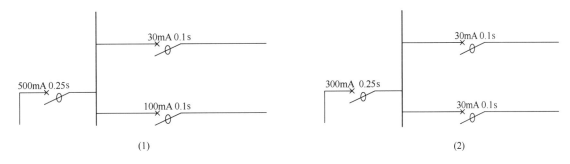

图 4.32　电气线路多级 RCD

第5章 配电线路布线系统

问题描述：

在配电线路布线时不能正确选用 KBG、JDG 和 SC 管，造成设计文件不能满足相关规范要求。

原因分析：

对 KBG、JDG 和 SC 管的规格型号，特别是壁厚不够熟悉，不能熟练掌握规范条文对不同场所金属管布线时的壁厚要求，导致在设计选型中三种管材混淆，不能正确使用的情况。

应对措施：

熟悉 KBG、JDG 和 SC 管的规格型号，熟练掌握规范条文，在配电线路布线选择金属管时综合考虑金属管规格型号和规范条文。

1）KBG 管：

套接扣压式薄壁钢导管，简称 KBG 管。导管采用优质冷轧带钢，经高频焊管机组自动焊缝成型、双面镀锌而制成。管材壁厚均匀，卷焊圆度高，与管接头公差配合好，焊缝小而圆顺，管口边缘平滑。KBG 管与管连接时，直接将导管插入直管接头或弯管接头，用套接扣压器在连接处施行扣压即可。常用规格尺寸有 $\phi16$、$\phi20$、$\phi25$、$\phi32$、$\phi40$ 等 5 种，管壁厚度分别为 1mm 或 1.2mm，规格尺寸详见表 5.1-1。导管出厂长度均为 4m。

KBG 管规格尺寸   表 5.1-1

KBG 管规格尺寸/mm					
规格	$\phi16$	$\phi20$	$\phi25$	$\phi32$	$\phi40$
外径 D	16	20	25	32	40
壁厚 d	1.0	1.0	1.2	1.2	1.2

2）JDG 管：

套接紧定式镀锌钢导管，简称 JDG 管。导管采用优质冷轧带钢，经高频焊机组自动焊缝成型、双面镀锌保护而制成。壁厚均匀，卷焊圆度高，与管接头公差配合好，焊缝小而圆顺，管口边缘平滑；用配套弯管器弯管时横截面变形小。导管出厂长度为 4m，共有 $\phi16$、$\phi20$、$\phi25$、$\phi32$、$\phi40$ 五种规格。标准型导管壁厚为 1.6mm，预埋、吊顶敷设均适用；其他型导管壁厚为 1.2mm，规格型号详见表 5.1-2。

JDG 管规格尺寸   表 5.1-2

JDG 管规格尺寸/mm						
规格		$\phi16$	$\phi20$	$\phi25$	$\phi32$	$\phi40$
外径 D		16	20	25	32	40
壁厚 d	标准型	—	1.6	1.6	1.6	1.6
	其他型	1.2	1.2	1.2	—	—

常出现 KBG 管与 JDG 管称谓混淆的错误。由于 KBG 管问世在先，JDG 管在后，通常习惯将两类管材统称为 KBG 管，甚至在某些省、市的安装工程预算定额价目表中也统称为 KBG 管，导致管材、附件等界定不清，施工工艺交错混杂，建材市场上假冒伪劣产品接踵而来。

3）SC 管：

低压配电中通常称为焊接钢管，又称低压流体输送用焊接钢管，简称 SC 管，由钢板或带钢卷成筒状经焊接而成。根据焊接方法可分为电弧焊管、高频或低频电阻焊管、气焊管、炉焊管等；根据焊缝形式可分为直缝焊管和螺旋焊管。钢管镀锌采用热浸镀锌法。镀锌钢管参数详见表 5.1-3。

钢管的公称口径与钢管的外径、壁厚对照/mm 表 5.1-3

公称口径	外径	壁厚	
		普通钢管	加厚钢管
6	10.2	2.0	2.5
8	13.5	2.5	2.8
10	17.2	2.5	2.8
15	21.3	2.8	3.5
20	26.9	2.8	3.5
25	33.7	3.2	4.0
32	42.4	3.5	4.0
40	48.3	3.5	4.5
50	60.3	3.8	4.5
65	76.1	4.0	4.5
80	88.9	4.0	5.0
100	114.3	4.0	5.0
125	139.7	4.0	5.5
150	168.3	4.5	6.0

注：表中的公称口径系近似内径的名义尺寸，不表示外径减去两个壁厚所得的内径。

根据《民用建筑电气设计标准》GB 51348—2019 第 8.3.2 条规定：明敷于潮湿场所或埋于素土内的金属导管，应采用管壁厚度不小于 2.0mm 的钢导管，并采取防腐措施。明敷或暗敷于干燥场所的金属导管宜采用管壁厚度不小于 1.5mm 的镀锌钢导管。

根据《低压配电设计规范》GB 50054—2011 第 7.2.10 条规定：暗敷于干燥场所的金属导管布线，金属导管的管壁厚度不应小于 1.5mm，明敷于潮湿场所或直接埋于素土内的金属导管布线，金属导管应符合现行国家标准《电气安装用导管系统 第 1 部分：通用要求》GB/T 20041.1—2005或《低压流体输送用焊接钢管》GB/T 3091—2015 的有关规定；当金属导管有机械外压力时，金属导管应符合现行国家标准《电气安装用导管系统 第 1 部分：通用要求》GB/T 20041.1—2005 中耐压分类为中型、重型及超重型的金属导管的规定。

从以上两条规范，根据从严不从宽原则，按《民用建筑电气设计标准》GB 51348—2019 第8.3.2 条规定执行，在电气设计中应明确不同环境对管材壁厚的要求。

问题【5.2】

问题描述：

当在地下室外墙预埋电气专业的进出线防水套管时，采用不规范和深度不足的表达方式，如

"预埋 SC□□进户防水套管"或"预埋 φ□□进户防水套管"等，造成电缆穿管管径偏小或预埋套管处出现渗漏。

原因分析：

对防水套管的分类不了解，对防水套管的规格型号的表达方法未掌握，对各类防水套管的应用场所不熟悉。

熟悉防水套管的分类，掌握防水套管规格型号的表达方法，熟悉各类防水套管的应用场所。

1）管材代号的含义：

SC——穿低压流体输送用焊接钢管（钢导管）敷设，其后数字常指钢管的公称口径。

DN——管道的公称直径，$DN＝D_e－0.5×$管壁厚度。水、煤气输送钢管（镀锌钢管或非镀锌钢管）、铸铁管、钢塑复合管和聚氯乙烯（PVC）管等管材，通常标注公称直径 DN，如 DN15、DN50 等。

D_e——通常指管道外径。

D——通常指管道内径。

φ——可表示管材的外径时，但其后需乘以壁厚。如：φ25×3，表示外径 25mm，壁厚为 3mm 的管材。

2）防水套管的分类：

防水套管按结构形式分为柔性防水套管、刚性防水套管及刚性防水翼环三种类型。

3）防水套管的应用：

柔性防水套管：适用于有地震设防要求的地区、管道穿墙处承受振动和管道伸缩变形或有严密防水要求的构（建）筑物。A 型一般用于水池或穿内墙，B 型用于穿构（建）筑物外墙（图 5.2-1、图 5.2-2）。

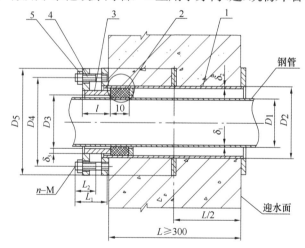

序号	名称	数量	材料	备注
1	法兰套管	1	Q235-A	焊接件
2	密封圈Ⅰ型	2	橡胶	
	密封圈Ⅱ型	1	橡胶	
3	法兰压盖	1	Q235-A	焊接件
4	螺柱	N	4.8	GB 897—88A
5	螺母	N	4	GB/T 41—2000

图 5.2-1　柔性防水套管安装

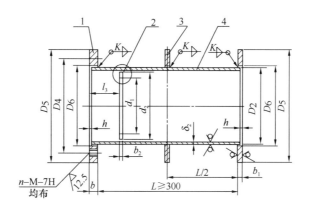

序号	名称	数量	材料	备注
1	法兰	1	Q235–A	
2	挡圈	1	Q235–A	Ⅰ型、Ⅱ型
3	翼环	2	Q235–A	
4	套管	1	Q235–A	

图 5.2-2　法兰套管

刚性防水套管：适用于管道穿墙处不承受管道振动和伸缩变形的构（建）筑物（图 5.2-3，表 5.2）。

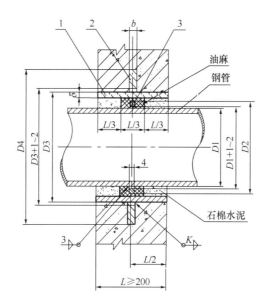

序号	名称	数量	材料
1	钢制套管	1	Q235–A
2	翼环	1	Q235–A
3	挡圈	1	Q235–A

图 5.2-3　刚性防水套管安装图

刚性防水套管尺寸重量表/mm　　　　　　　　　表 5.2

DN	D1	D2	D3	D4	δ	b	k	重量/kg
50	60	80	114	225	3.5	10	4	4.49
65	75.5	95	121	230	3.75	10	4	4.66
80	89	110	140	250	4	10	4	5.33
100	108	130	159	270	4.5	10	5	6.36
125	133	155	180	290	6	10	6	8.33
150	159	180	219	330	6	10	6	10.06
200	219	240	273	385	8	12	8	15.90
250	273	295	325	435	8	12	8	18.68
300	325	345	277	500	10	14	10	27.4
350	377	400	426	550	10	14	10	30.95
400	426	445	480	600	10	14	10	34.35
450	480	500	530	650	10	14	10	37.85

　　刚性防水翼环：适用于管道穿墙处不承受管道振动和伸缩变形的构（建）筑物，适用于管道穿墙处空间有限或管道安装先于构（建）筑物或管道的更新改造（图 5.2-4）。

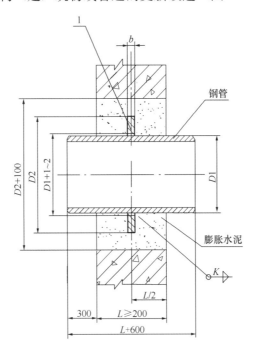

序号	名称	数量	材料
1	翼环	1	Q235-A

图 5.2-4　刚性防水翼环安装图

应对措施：

　　根据以上对管材代号的意义和防水套管分类的分析和阐述可知，电气管道穿墙处不承受管道振动，通常也不预埋在伸缩变形处，可选择刚性防水套管；当电气进出线在外墙处采用 SC 敷设方式时，应根据钢管外径选择合适规格尺寸的防水套管。

举例说明：

当电气进出线缆在外墙处穿公称直径 150mm 的低压流体输送用焊接钢管（钢导管）敷设时，公称直径 150mm 的钢管对应的外径约 168.3mm，对应于表 5.2 中 $D1=168.3$mm，选择的防水套管公称直径 200mm，即 $DN200$，在设计图纸中表达为"电气进出线缆敷设 SC150，应进行防水处理"或"电气进出线缆敷设 SC150，预埋刚性防水套管 $DN200$"。

问题【5.3】

问题描述：

电梯配电箱内采用安全特低电压供电的井道照明回路，在安全隔离变压器后采用 BV 等非双重绝缘导线或电缆穿钢管敷设方式。

原因分析：

设计人员对规范中涉及安全的要求理解不够深入，设计未做到位。

应对措施：

1）根据《民用建筑电气设计标准》GB 51348—2019 第 7.3.3 条第 2.1 款："回路导线除应具有基本绝缘外，还应具有绝缘护套或应将其置于非金属护套或绝缘外壳（外护物）内。"

2）根据《低压配电设计规范》GB 50054—2011 第 5.3.6 条第 1 款："SELV 系统和 PELV 系统的回路导体，应做基本绝缘，并应将其封闭在非金属护套内。"

综上所述：

1）当安全隔离变压器后的线缆采用非双重绝缘的导线时，应采用穿 PVC 管敷设的方式。

2）当安全隔离变压器后的线缆为采用双重绝缘的导线或电缆时（两者均有非金属护套），可采用穿金属管敷设方式。

问题【5.4】

问题描述：

采用镀锌钢管作为电力电缆室外敷设保护套管或排管使用。

原因分析：

设计人员主要考虑室外套管的强度，一味追求承压足够大而忽略室外场地的复杂性及经济性因素。

应对措施：

1）室外配电中，除穿越基础时采用具有防腐功能的厚壁钢管（如：热镀锌钢管、不锈钢钢管等）外，其他区域均建议采用加强型 PVC 套管，如：CPVC、UPVC 管。该类套管具备高强度、柔韧性好、耐高温、耐腐蚀、阻燃、绝缘性能良好、无污染、不易老化、质轻、施工方便等特性。

2）在穿过道路时，可采用混凝土包封，埋深不小于 1m。

问题【5.5】

问题描述：

穿越人防墙的弱电管线，管径大于 25mm。

原因分析：

设计人员未关注弱电线路相关的人防规范要求，设计不到位。

应对措施：

根据《人民防空地下室设计规范》GB 50038—2005 第 7.4.4 条规定"穿过外墙、临空墙、防护密闭隔墙、密闭隔墙的同类多根弱电线路可合穿在一根保护管内，但应采用暗管加密闭盒的方式进行防护密闭或密闭处理。保护管径不得大于 25mm。"

问题【5.6】

问题描述：

消防配电线路的矿物绝缘类不燃性电缆采用耐火电缆槽盒敷设。

原因分析：

1）依据《建筑设计防火规范》GB 50016—2014（2018 年版）第 10.1.10.1 条规定：消防配电线路应满足火灾时连续供电的需要，其敷设应符合"当采用矿物绝缘类不燃性电缆时，可直接明敷。"矿物绝缘类不燃性电缆由铜芯、矿物质绝缘材料、铜等金属护套组成，除具有良好的导电性能、机械物理性能、耐火性能外，还具有良好的不燃性，这种电缆在火灾条件下不仅能够保证火灾延续时间内的消防用电，还不会延燃、不产生烟雾，故规范允许这类电缆可以直接明敷。

2）依据《耐火电缆槽盒》GB 29415—2013 第 3.1 条规定，耐火电缆槽盒是由无孔托盘或有孔托盘和盖板组成，属于封闭式槽盒，矿物绝缘类不燃性电缆因散热不良会导致其载流量降低。

应对措施：

当矿物绝缘类不燃性电缆束根数较多时，可采用有孔托盘或梯架敷设，若根数较少时，也可以采用吊架（杆）等方式敷设。

问题【5.7】

问题描述：

消防配电线路与非消防配电线路敷设在同一电缆井、沟内时，采用耐火电缆敷设，造成火灾时消防用电设备不能正常运行。

原因分析：

消防配电线路的敷设是否安全，直接关系到消防用电设备在火灾时能否正常运行，当非消防配电线路发生故障时，有可能会影响与其敷设在一起或贴临安装的消防配电线路，导致消防配电线路不能正常供电。

应对措施：

依据《建筑设计防火规范》GB 50016—2014（2018 年版）第 10.1.10.3 条规定：消防配电线路应满足火灾时连续供电的需要，其敷设应符合"消防配电线路宜与其他配电线路分开敷设在不同的电缆井、沟内；确有困难需敷设在同一电缆井、沟内时，应分别布置在电缆井、沟的两侧，且消防配电线路应采用矿物绝缘类不燃性电缆。"

问题【5.8】

问题描述：

采用一个过负荷保护电器树干式配电，主干线路为多根并联导体组成的回路，有 T 接或分支线路引出。

原因分析：

依据《低压配电设计规范》GB 50054—2011 第 6.3.7 条规定：多根并联导体组成的回路采用一个过负荷保护电器时，其线路的允许持续载流量，可按每根并联导体的允许持续载流量之和计，且应符合下列规定：

1）导体的型号、截面、长度和敷设方式均相同。

2）线路全长内无分支线路引出。

3）线路的布置使各并联导体的负载电源基本相等。

当多拼电缆线路有分支线路引出时，引出线路也为多根并联，此时保护电器无法保护引出并联线路其中的单根电缆。

应对措施：

采用一个过负荷电器保护的多拼电缆回路不得采用树干式配电方式。只有短路保护时是允许的。

问题【5.9】

问题描述：

电缆采用暗敷或明敷方式时，未考虑电缆的弯曲半径，导致无法施工。

原因分析：

设计人员对电缆弯曲半径的理解不深刻，选用暗敷时未核对条件是否满足电缆弯曲半径的要求。

应对措施：

明确电缆敷设非必要避免转直角弯的方式布线，确有必要转弯时应满足电缆弯曲半径的要求（表 5.9）。

0.6/1kV 交流聚乙烯绝缘电缆非金属含量参考表 表 5.9

截面/ mm²	1 芯		3 芯		(3+1) 芯		(3+2) 芯		4 芯		(4+1) 芯	
	直径/ mm	非金属含量/ (L/m)	直径/ mm	非金属含量/ (L/m)	直径/ mm	非金属含量/ (L/m)	直径/ mm	非金属含量/ (L/m)	直径/ mm	非金属含量/ (L/m)	直径/ mm	非金属含量/ (L/m)
1.5	5.9	0.026	10.8	0.087					11.6	0.100		
2.5	6.3	0.029	11.7	0.100					12.6	0.115		
4	6.8	0.032	12.7	0.115	13.6	0.126	14.3	0.144	13.7	0.131	14.5	0.147
6	7.3	0.036	13.8	0.131	14.6	0.145	15.6	0.165	14.9	0.150	15.9	0.170
10	8.6	0.048	16.6	0.186	17.3	0.199	18.4	0.224	18.0	0.214	18.9	0.234
16	9.7	0.058	18.9	0.232	20	0.256	21.4	0.291	20.6	0.269	21.9	0.302

问题【5.10】

问题描述：

有可能会同时过载的多回路或多根多芯电缆无间距成束敷设在同一托盘或梯架内敷设，当电缆根数超过 12 根以上时，电缆载流量降低系数直接引用《建筑电气常用数据》19DX101—1 中相关数据，这会导致选择的电缆截面偏小，保护器有可能无法保护电缆，电缆过负荷引发火灾等事故。

原因分析：

《建筑电气常用数据》19DX101—1 中电线电缆载流量降低系数是引用《低压电气装置 第 5—52 部分：电气设备的选择和安装 布线系统》GB/T 16895.6—2014 相关数据。两者对电缆排列方式均明确为单层敷设，电缆载流量降低系数与电缆排列层数有直接关系。电缆多层排列，底层电缆会因散热不良导致降低系数更小，此时若按单层排列的降低系数，会导致选择的电缆截面偏小。

应对措施：

1) 根据托盘或梯架的尺寸大小，确定电缆排列层数，依据《电力工程电缆设计标准》GB 50217—2018 附录 D.0.6 电缆桥架上无间距配置多层并列电缆载流量的校正系数进行选择（表 5.10）。

电缆桥架上无间距配置多层并列电缆载流量的校正系数 表 5.10

叠置电缆层数		1	2	3	4
桥架类别	梯架	0.80	0.65	0.55	0.50
	托盘	0.70	0.55	0.50	0.45

2) 当电缆采用单层排列方式敷设时，可采用《建筑电气常用数据》19DX101—1 中电线电缆载流量降低系数，此时需校验电缆托盘或梯架的截面面积是否满足《低压配电设计规范》GB 50054—2011 第 7.6.14 条"电缆在托盘和梯架内敷设时，电缆总截面面积与托盘和梯架横截面面积之比，电力电缆不应大于 40%，控制电缆不应大于 50%"之规定。

问题【5.11】

问题描述：

变电所内电缆在电缆沟内敷设时，支架层间垂直的净距在图纸中表达缺失或间距不合理。

原因分析：

因电缆沟内操作不便，支架间距过小，会造成日后电缆维护不便。

应对措施：

1）电缆沟的通道宽度和支架层间垂直的最小净距，依据《低压配电设计规范》GB 50054—2011 第 7.6.23 条，应符合表 5.11-1 的规定。

通道宽度和电缆支架层间垂直的最小净距/m　　　　　　　　　　表 5.11-1

项目		通道宽度		支架层间垂直最小净距	
		两侧设支架	一侧设支架	电力线路	控制线路
电缆隧道		1.00	0.90	0.20	0.12
电缆沟	沟深≤0.60	0.30	0.30	0.15	0.12
	沟深>0.60	0.50	0.45	0.15	0.12

2）电缆支架间或固定点间的最大间距，依据《低压配电设计规范》GB 50054—2011 第 7.6.27 条，应符合表 5.11-2 的规定。

电缆支架间或固定点间的最大间距/m　　　　　　　　　　表 5.11-2

敷设方式		水平敷设	垂直敷设
塑料护套、钢带铠装	电力电缆	1.0	1.5
	控制电缆	0.8	1.0
钢丝铠装		3.0	6.0

问题【5.12】

问题描述：

如变电所在地下一层（最底层）设置时，其设置的电缆沟未设置防水措施，地下室底板返水导致电缆沟内有积水，甚至电缆有泡水情况发生。

原因分析：

变电所设置在地下室最底层时，因建筑防水或结构混凝土密闭性不良时，底板返水情况时有发生，此时电缆沟若不采取防水措施，敷设其内的电缆绝缘性能将会降低，有引发事故的可能。

应对措施：

1）变电所不宜设置在地下室最底层。当中央制冷机房设置在最底层时，其专用变电所可设置在制冷机房的上一层或上部空间，以防止积水侵扰。

2）当无法避免积水时，依据《低压配电设计规范》GB 50054—2011 第 7.6.24 条规定：电缆沟应采取防水措施，其底部排水沟的坡度不应小于 0.5%，并应设置水坑，积水可经集水坑用泵排出。当有条件时，积水可直接排入下水道。并且应满足《民用建筑电气设计标准》GB 51348—2019 第 8.7.3.7 条，"电缆沟和电缆隧道应采取防水措施，其底部应做不小于 0.5% 的坡度坡向集水坑

（井）；积水可经逆止阀直接接入排水管道或经集水坑（井）用泵排出"的要求。见图 5.12 变电所电缆沟防水示意。

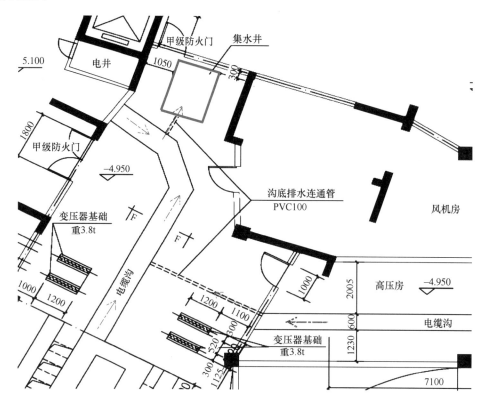

图 5.12　变电所电缆沟防水措施示意

问题【5.13】

问题描述：

消防和非消防配电线路均在同一耐火槽盒内敷设。

原因分析：

设计人员为图设计方便，消防和非消防共用防火槽盒。

1）依据《电力工程电缆设计标准》GB 50217—2018 第 3.6.3 条规定，敷设于耐火电缆槽盒中的电缆应计入包含该型材质及其盒体厚度、尺寸等因素对热阻增大的影响，非消防配电线路在耐火槽盒内因热阻增大，造成载流量降低。若增加导线截面，势必增加电缆造价。

2）《民用建筑电气设计标准》GB 51348—2019 第 8.5.13 条："下列不同电压、不同用途的电缆，不宜敷设在同一层或同一个桥架内：

（1）1kV 以上和 1kV 以下的电缆；

（2）向同一负荷供电的两回路电源电缆；

（3）应急照明和其他照明的电缆；

（4）电力和电信电缆；

（5）当受条件限制需安装在同一层桥架内时，宜采用不同的桥架敷设，当为同类负荷电缆时，可用隔板隔开。"

3）当消防配电线路采用刚性铜护套矿物绝缘电缆时，其金属护套温度为 70℃ 或 105℃，而非消防配电线路如热固性交联聚乙烯 YJV 类型电缆，其导体温度为 90℃。当不同导体温度的电缆无间隙敷设在一起，会导致导体温度较低的电缆有可能因过热而过载。

应对措施：

1）因配电用途不同、导体温度不同，消防和非消防配电线路应分开敷设。非消防配电线路无耐火需求，可采用有孔托盘、梯架等敷设方式。消防配电线路需要考虑耐火功能和耐火时间要求，当采用矿物绝缘类不燃性电缆时可明敷，有机耐火电缆需采用耐火槽盒敷设等方式，消防配电线路的敷设应符合《建筑设计防火规范》GB 50016—2014（2018 年版）第 10.1.10 条之规定。

2）依据《低压配电设计规范》GB 50054—2011 第 7.6.18、第 7.6.19 条规定，一级负荷或一级负荷中特别重要负荷当同一路径向采用双路电源线路供电时，应采用同一托盘或梯架内隔板分隔的措施，或分别采用托盘或梯架的方法敷设。

问题【5.14】

问题描述：

室外长距离埋地敷设的电力电缆全程穿管敷设。

原因分析：

较长的电缆管路，特别是有转角拐弯时，若不设置工作井，不便于穿线和检修。

应对措施：

1）依据《低压配电设计规范》GB 50054—2011 第 5.4.7 条规定，较长电缆管路中的下列部位应设置工作井：

（1）电缆牵引张力限制的间距处。电缆穿管敷设时，允许最大管长的计算方法宜符合本标准附录 H 的规定；

（2）电缆分支、接头处；

（3）管路方向较大改变或电缆从排管转入直埋处；

（4）管路坡度较大且需防止电缆滑落的必要加强固定处。

2）具体做法可参考国家建筑设计标准图集《110kV 及以下电缆敷设》12D101—5 中的相关做法。

问题【5.15】

问题描述：

住宅卫生间无关的插座回路穿越卫生间。

原因分析：

与卫生间无关的管线有可能引发卫生间内的线路的故障，卫生间有积水和排水渗漏的可能性，当洗浴时人体电阻降低，易引发电击事故。

应对措施：

依据《住宅建筑电气设计规范》JGJ 242—2011 第 7.2.5 条规定：与卫生间无关的线缆导管不得进入和穿过卫生间。卫生间的线缆导管不应敷设在 0、1 区内，并不宜敷设在 2 区内。

卫生间（浴室）的区域划分：

1）0 区是指浴盆、淋浴盆的内部或无盆淋浴 1 区限界内距地面 0.10m 的区域。

2）1 区的限界是围绕浴盆或淋浴盆的垂直平面；或对于无盆淋浴，距离淋浴喷头 1.20m 的垂直平面和地面以上 0.10m 至 2.25m 的水平面。

3）2 区的限界是 1 区外界的垂直平面和与其相距 0.60m 的垂直平面，地面和地面以上 2.25m 的水平面。

浴室场所的具体配电要求可详见《低压电气装置 第 7—701 部分：特殊装置或场所的要求 装有浴盆或淋浴的场所》GB 16895.13—2012。

问题【5.16】

问题描述：

采用低压封闭式母线布线，不明确母线的短路耐受能力、防护等级以及相关耐火时间等参数。

原因分析：

封闭式母线按绝缘方式分为密集绝缘、空气绝缘和空气附加绝缘母线；按外壳形式和防护等级选择，母线槽外壳有表面喷涂的钢板、塑料（树脂）和铝合金三种材质。

1）防护等级 IP 代码第一特征数字（数字 0～6 或字母 X）代表对设备防护或人员防护，第二特征数字（数字 0～9 或字母 X）代表防止水进入的防护等级。具体使用详见《外壳防护等级（IP 代码）》GB/T 4208—2017。

当母线在室内敷设处有水管时，应明确防护等级，否则母线将不能正常工作。

2）消防配电的母线应采用耐火母线，并根据消防供电时间的需要，满足耐火时间的要求，否则母线将无法满足为供电设备要求的可持续供电时间。消防用电设备在火灾发生期间的最少持续供电时间的要求，详见《民用建筑电气设计标准》GB 51348—2019 第 13.7.16 条之规定。

应对措施：

1）母线槽外壳防护等级及使用环境应符合表 5.16 的规定，具体要求详见《低压母线槽应用技术规程》T/CECS 170—2017 相关要求。

表 5.16

使用场所	使用环境			外壳防护等级
	相对湿度／%	污染等级	过电压类别	
配电室或户内干燥环境	≤50（+40℃时）	3	Ⅲ、Ⅳ	IP30～IP40
电气竖井机械车间		3	Ⅲ、Ⅳ	IP52～IP55
户内水平安装或有水管	有凝露或喷水	3	Ⅲ	≥IP65
户外	有凝露或淋雨	3、4	Ⅲ	≥IP66
户内外地沟或埋地	有凝露及盐雾或短时	3	Ⅲ、Ⅳ	IP68

2）为火灾时最低持续供电时间 3 小时的消防水泵等消防设备供电的耐火母线，应明确为耐火 3 小时，其中包括发电机至消防母线段、低压配电柜至消防水泵电源（控制）柜等线路。

问题【5.17】

问题描述：

空调多联机机组或冷却塔放在建筑物的屋面，其配电线路在屋面无遮阳措施的用金属线槽明敷，在夏季，受太阳直接照射屋面的温度可能超 60℃，由于电缆封闭在线槽内，热阻升高，线槽内温度可能同步上升，也有可能上升至 60℃ 甚至更高，而选用的电缆载流量没有按环境温度进行温度校正。造成电缆在实际温度下的载流量偏小，可能导致电缆过载的发生。

原因分析：

我们选择电缆线径时，一般会先查找电缆的载流量，多数资料会提供常用电缆的几种常用温度下的载流量数据，在空气中敷设的有 25℃、30℃、35℃、40℃ 等 4 种，当敷设处的环境温度不同于这 4 种数据时，载流量应乘以校正系数 K，其计算公式为：

$$K = \sqrt{\frac{\theta_n - \theta_a}{\theta_n - \theta_c}} \qquad\qquad 式（5.17）$$

式中：θ_n——电缆现行允许长期工作温度，℃；

　　　θ_a——敷设处的环境温度，℃；

　　　θ_c——已知载流量数据的对应温度，℃。

应对措施：

可以采用下列两种措施之一：

1）按电缆实际敷设处的环境温度进行载流量校正计算，再选择电缆。

2）在户外太阳直接照射的电力电缆，应采取遮阳措施或带防雨措施的可自由敷设而非封闭敷设的有孔托盘、梯架、支架等方式。如图 5.17 所示。

图 5.17　屋面防雨线槽示意

问题【5.18】

问题描述：

在配电平面图中，经常可以看到配电线路用桥架在顶部明敷，没有明确是何种桥架，而且桥架内敷设的是 BV（或 WDZ-BYJ）型绝缘导线。

原因分析：

BV（或 WDZ-BYJ）型绝缘导线应在金属槽盒内敷设，符合《低压配电设计规范》GB 50054—2011 第 7.2 节"绝缘导线布线"的第 7.2.8 条和《民用建筑电气设计标准》GB 51348—2019 第 8.1.4 条的有关规定。现行的标准、规范中，尚无明文规定 BV 型导线可采用桥架布线。

电缆桥架是统称，一种说法是托盘和梯架的总称，另一种说法是托盘、梯架和槽盒的总称，托盘和梯架适用于电缆数量较多或集中的场所，适用于非吊顶内的电缆明敷。槽盒适用于电缆和导线数量较多或集中的场所，适用于吊顶或非吊顶内的电缆、导线的明敷。

因此在设计时应明确注明电缆或导线在敷设时是采用托盘、梯架或槽盒中的哪一种。

应对措施：

当配电线路采用导线时，明确导线应采用金属槽盒敷设。

问题【5.19】

问题描述：

普通负荷与消防负荷的电缆同桥架敷设，中间加隔板隔开，火灾时不能保证消防电缆的安全。

原因分析：

依据《民用建筑电气设计标准》GB 51348—2019 第 8.5.13 条规定：不同电压、不同用途的电缆不宜敷设在同一桥架内，当受条件限制需安装在同一层桥架上时，应加隔板隔开。此规定经时间的检验，在火灾现场发现普通负荷与消防负荷的电缆同桥架敷设，中间加隔板隔开，普通线路发生火灾，消防线缆也同时烧毁。由此看出，中间加隔板不能保证消防线缆的安全。

应对措施：

依据《民用建筑电气设计标准》GB 51348—2019 第 13.8.5.1 条规定：建议相同电压等级的消防负荷的电缆采用专用的桥架敷设。

问题【5.20】

问题描述：

高层住宅建筑，强弱电井分开设置，消防电梯用电采用耐火电缆在一层穿管暗敷后引至弱电井，然后沿防火桥架引至电梯机房。

原因分析：

在建筑物内强、弱电井分开设置，是保证线路之间互不干扰，降低风险而采取的措施；众所周知电梯是冲击负荷，将此线路与弱电线路同井敷设难免会受强电磁场干扰。

应对措施：

根据《建筑设计防火规范》GB 50016—2014（2018 年版）第 10.1.10.3 条："消防配电线路宜与其他配电线路分开敷设在不同的电缆井、沟内；确有困难需敷设在同一电缆井、沟内时，应分别

5

布置在电缆井、沟的两侧，且消防配电线路应采用矿物绝缘类不燃性电缆。"

问题【5.21】

问题描述：

高层建筑中电缆井兼作配电间时，有的布置在贴邻热力、潮湿（卫生间、淋浴间）、烟道、燃气管道等场所；有的弱电井贴邻电梯井道，有的为省地方布置在建筑的边角。其位置设置不合理。

原因分析：

因高层建筑核心筒附近一般需要设置满足各种功能的设备管井、烟井或风机房，设计师在确定电井位置时没有充分考虑不利因素的影响。

应对措施：

1）电缆竖井兼配电间应尽量靠近负荷中心位置，竖井的位置和数量应依据建筑规模、各支线供电半径及建筑物的变形缝位置和防火分区等因数确定。

2）电缆竖井兼配电间应进出线方便、上下层通顺；强、弱电竖井宜分别设置，确有困难需敷设在同一电缆井，应分别布置在电缆井的两侧或采取隔离措施。

3）依据《民用建筑电气设计标准》GB 51348—2019 第 8.11.3 条规定：竖井的井壁应是耐火极限不低于 1h 的非燃烧体。竖井在每层楼应设维护检修门并应开向公共走廊，其耐火等级不应低于丙级。楼层间钢筋混凝土楼板或钢结构楼板应做防火密封隔离，线缆穿过楼板应进行防火封堵。

4）依据上述规范第 8.11.4 条规定：竖井的井壁上设置集中电表箱、配电箱或控制箱等箱体时，其进线与出线均应穿可弯曲金属导管或钢管保护。

5）依据上述规范第 8.11.5 条规定：竖井大小除应满足布线间隔及端子箱、配电箱布置所必需尺寸外，宜在箱体前留有不小于 0.8m 的操作距离，当建筑平面受限制时，可利用公共走道满足操作距离的要求，但竖井的进深不应小于 0.6m。

6）电缆竖井的地面应比过道地面高 50mm 或采用 200mm 高的门槛，以防水漫入，井内禁止其他无关的管道穿过。

问题【5.22】

问题描述：

人防区域防护密闭门门框墙、密闭门门框墙上均未按规范要求预埋备用管。

原因分析：

设计人员对于预埋备用管的管径、数量、壁厚及材质不清楚，预埋备用管是以便平时和战时可能增加的动力、照明、通信等线路的需要，以备项目竣工后需增加的各种管线，若在密闭隔墙上随便钻洞、打孔，会影响防空地下室的密闭和结构的强度。

应对措施：

严格按照《人民防空地下室设计规范》GB 50038—2005 第 7.4.5 条规定：在各人员出入口和连通口的防护密闭门门框墙、密闭门门框墙上均应预埋 4～6 根备用管，采用管径为 50～80mm，管壁厚度不小于 2.5mm 的热镀锌钢管，并应符合防护密闭要求。

第6章 照 明 系 统

问题【6.1】

问题描述：

不进行照度计算，按 LDP 值布置灯具，再计算房间照度，造成照度值偏大或偏小。

原因分析：

1）设计人未理解照明 LPD 限制值与房间照度值的关系，未理解照明 LPD 限制值是在满足房间一定照度值下的限值。一个房间的照明设计首先应该满足照度标准值的±10％误差范围内的房间照度值，再计算在此照度下的 LPD 值。

2）设计人可能也理解照明设计的先后顺序，但采取了投机取巧的方法，用倒推法，先按 LDP 值布置灯具，再计算房间照度，这样的结果是，在选用节能灯具的情况下，房间照度值往往会高于或超出规范的照度值。如果没有采用高光效的光源，高效率的灯具和附件，从表面上看虽没有违反强制性条文，但又满足不了照度标准值。

应对措施：

设计人在照明设计时首先应该满足照度标准值的±10％误差范围内的房间照度值，再计算在此照度下的 LPD 值。

问题【6.2】

问题描述：

设计人在图纸上没有注明采用何种灯管或光源产品的相关参数。用户单位或安装单位从经济的角度，从方便的角度，不论什么场合，均采用这种灯管。致使 6000K 以上高色温、低显色指数、低光效的灯管充斥建筑工程。

原因分析：

其实灯管的种类不止一种，照明标准对不同场所适用的光源均作出了明确的规定，特别推荐具有较高发光效率、较好显色指数的三基色灯管，不同种类的灯管光通量不同。相同的灯具，选用不同的灯管，在达到相同的照度标准下，将需要不同的灯具数量，光源的选择对照度计算将产生很大的影响。

在建筑物室内照明设计中，除了在满足房间照度值要求的情况下，还应考虑光源的色温，这在《建筑照明设计标准》GB 50034—2013 第 4.4.1 条中已有要求，见表 6.2：

相关色温/K	色表特征	适用场所
<3300	暖	客房、卧室、病房、酒吧
3300~5300	中间	办公室、教室、阅览室、商场、诊室、检验室、实验室、控制室、机加工车间、仪表装配
>5300	冷	热加工车间、高照度场所

光源色表特征及适用场所 表 6.2

应对措施：

应该根据不同的场所选择相适宜的光源：

① 在照度要求不高的场所（不大于 200lx），如住宅、饮食建筑，医院病房等场所，选择光源色温小于 3300K，显色指数不小于 80 的灯管。

② 一般公共建筑，如办公室、普通教室、阅览室等场所，选择光源色温在 3300~5300K 范围，显色指数不小于 80 的灯管。

③ 在照度要求较高（不小于 750lx）的电子车间、洁净厂房等场所，选择光源色温大于 5300K，显色指数不小于 80 的灯管。

④ 在显色指数要求特别高（Ra 不小于 90）的美术教室、手术室等场所，则宜选用高显色指数的灯管。应注意有时这种灯管是以牺牲发光效率来换取高显色性，它的光通量要比同功率的三基色灯管低许多，而且价格却比三基色灯管高出许多，在设计时应慎重选择。

总之，应根据具体的场所来选择相匹配的光源产品，切不可千篇一律、一概而论。

问题【6.3】

问题描述：

LED 作为照明灯具普及后，设计人员开始大量使用 LED 光源的灯具，但在设计图纸中未注明有关参数，致使长期工作或停留的房间或场所色彩显示不真实。

原因分析：

这是部分设计人员对 LED 光源产品了解不够，对规范中显色指数的要求没理解。

目前市场上 LED 光源的显色指数（Ra）大多在 80 左右，甚至有厂家宣称高达 90 以上。但是作为光照显色性中的一项比较重要的指标—红色还原性 R9 值却一直被忽视，而市场上很多光源的 R9 值大都是负数。

显色指数是指物体用某一光源照明和用标准光源照明时，其还原本质颜色的程度。显色指数越低，那么色差越大。

显色性指数用的颜色，是 CIE（国际照明委员会）规定的 14 种颜色，中国又加上亚洲妇女肤色，变为 15 种。分别标记为 R1、R2、R3……R14、R15。

其中，R1~R8 称为典型显示指数，R9~R15 称为特殊显色指数，Ra 表示平均显色指数。尤其 R9（饱和红色）是评判红色复现质量的指标。在演播厅、摄影棚等需要真实再现皮肤颜色的场合，照明光普中的 R9 值绝不能低。博物馆、美术馆等场所则要求对所有的颜色都能高度真实还原，对 Ra 和 R1~R15 值的要求就更为严格。

只有 Ra 和 R9 同时具有较高值时才能保证 LED 的高显色性。

为了保证显色效果，《建筑照明设计标准》GB 50034—2013 第 4.4.4 条也有相关规定，当选用发光二极管灯光源时，其色度应满足长期工作或停留的房间或场所，其色温不宜高于 4000K，特殊显色指数 R9 应大于零。

应对措施：

由于市场上 LED 光源的灯具产品参差不齐，所以在设计时应特别关注产品的相关参数，在设计图纸明确注明 Ra 的参数和要求 R9 大于零。

问题【6.4】

问题描述：

在商店建筑大空间营业厅的设计中只预留或设计正常照明的配电箱和灯具，未预留或设计非消防备用照明的配电箱和灯具，而用消防应急照明兼作备用照明。甚至有人认为商店内已做了火灾应急照明，备用照明可以不做了。

原因分析：

设计人员对消防时的备用照明和非消防时的备用照明概念混淆。

备用照明是用于确保正常活动继续或暂时继续进行而适用的应急照明。备用照明分为消防备用照明和重要场所非消防应急照明。

消防备用照明是为保证避难层（间）及配电室、消防控制室、消防水泵房、自备发电机房等火灾时仍需工作、值守的区域等场所的正常活动、作业的应急照明，其照度应与正常照度的照度相同，并且应保证供电可靠性，消防备用照明可采用主电源（市政电源）和备用电源切换后供电，备用照明电源可以是市政电源或柴油发电机或蓄电池电源。

在商店建筑的大空间营业厅是无需做消防备用照明的。

非消防备用照明是对重要建筑物尤其是人员密集的高大空间、具有重要功能特定场所的照明系统提出的更高要求，要求除正常照明和消防应急照明外，设置一部分照明以保证正常照明失效后，能使正常活动继续或暂时继续进行。

显然两个备用照明的概念有较大的差异，消防备用照明和非消防备用照明工作状态不同，前者在火灾时需点亮，后者在火灾时需按照非消防电源切除。它们除了可以共用建筑物低配系统的备用电源外，是两个独立的配电体系，对线路、灯具、控制的要求等也不尽相同。设计时要分清。

在《商店建筑电气设计规范》JGJ 392—2016 中对备用照明有如下要求：①大、中型商店建筑的营业区应设置备用照明，照度不应低于正常照明的 1/10。②小型商店建筑的营业厅宜设置备用照明，水平照度不应低于 30lx。③一般经营场所备用照明的启动时间不应大于 5 秒，贵重物品区域及柜台、收银台的备用照明应单独设置，启动时间不应大于 1.5 秒。④当商店正常照明采用双电源（回路）交叉供电时，正常照明可兼作备用照明。

就目前的消防应急照明系统来说，在非火灾状态下，消防应灯具也可以应急点亮，暂时作为商店备用照明的一部分，设计可这样处理。但照度是不够的，按规范要求消防应急照明的照度不会大于 10lx，但维持停电时的备用照明是 1/10 的正常照度，既不会小于 30lx，用消防应急照明代替时间也只能维持 0.5 小时。这样的设计实际上是行不通的。

总之，消防备用照明和重要场所非消防备用照明是两个不同的概念，不能混淆。

应对措施：

商店建筑大空间营业厅预留或设计正常照明的配电箱和灯具的基础上，同时预留或设计非消防备用照明的配电箱和灯具。而消防应急照明仅作为火灾时使用而存在。

问题【6.5】

问题描述：

在学校建筑的教室照明设计中，没有选用专用灯具，并且对黑板照明灯具不进行具体的位置定位，有些甚至直接在黑板上方墙上壁装，见图 6.5-1，造成对学生的直接炫光和黑板反光。

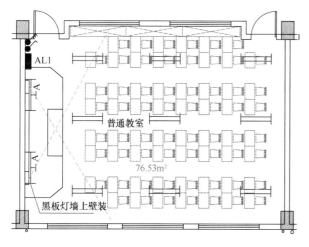

图 6.5-1　黑板灯墙上壁装

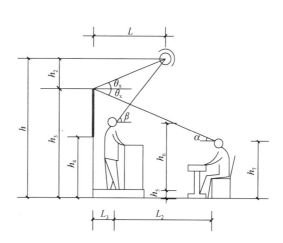

图 6.5-2　黑板、老师和学生位置关系图

原因分析：

在中小学教学楼的教室设计中，设计人往往没有理解黑板灯具对教师和学生的影响。实际上黑板灯具的设置是一个重要的环节。根据《中小学校建筑设计规范》GB 50099—2011 第 10.3.3 条第 2 款的规定：教室应设专用黑板照明灯具。黑板灯具不得对学生和教师产生直接炫光。

从图 6.5-2 可知，要使老师背对黑板时不产生直接炫光，关键是要控制光线的夹角 β，一般来讲，β 越大，越无炫光但黑板的照度越低，综合考虑，取 $\beta = 55°$。对学生来讲，应控制黑板的反射炫光，从图 6.5-2 可知，当光源对黑板顶部的入射角 θ 与学生的对黑板顶的仰角 α 相等时，就会对学生产生反射炫光，当光源对黑板的入射角越大越能限制炫光，但黑板的照度越低。因此，设计中要同时考虑 β 角与 θ 角，也就是要确定灯具的安装高度 h 及灯具距黑板的距离 L。

具体的公式与推导省略，直接给出黑板灯布置参照表供参考，见表 6.5。

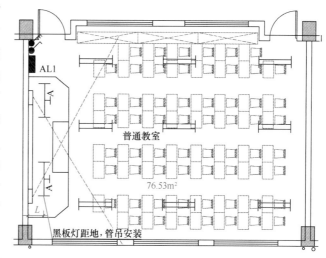

图 6.5-3　黑板灯具距墙 L（m）安装

黑板灯布置参照表　　　　　　　　　　　表 6.5

灯具的安装高度 h/m	2.6	2.7	2.8	3.0	3.2	3.4	3.6
灯具距黑板的距离 L/m	0.6	0.7	0.8	0.9	1.1	1.2	1.3

应对措施：

在设计时应采用专用黑板灯，不得将灯具在直接在黑板上方壁装，应在距地一定高度上，配合一定的离墙距离，采用管吊的方式安装。如图 6.5-2 所示，灯具的安装高度和灯具距黑板的距离可参照表 6.5。

问题【6.6】

问题描述：

变电所、发电机房内的灯具布置在了设备正上方，如图 6.6 所示，违反规范要求。

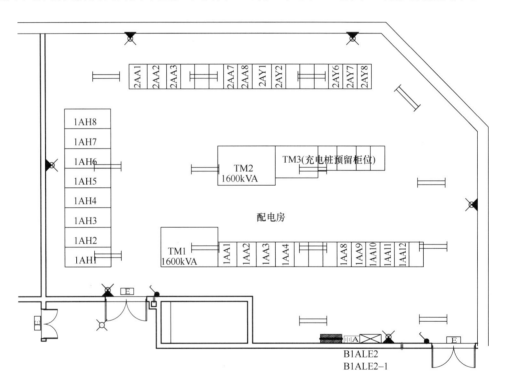

图 6.6　变电所内灯具布置在设备正上方

原因分析：

《20kV 及以下变电所设计规范》GB 50053—2013 第 6.4.3 条：在变压器、配电装置和裸导体的正上方不应布置灯具。当在变压器室和配电室内裸导体上方布置灯具时，灯具与裸导体的水平净距不应小于 1.0m，灯具不得采用吊链和软线吊装。

在变压器室和配电室内裸导体上方布置灯具时，要考虑不停电更换灯泡时的人身安全。人的水平伸臂长度一般不超过 0.9m，且配电室是电气专用房间，更换灯泡人员为电气工作人员，因此规定灯具与裸导体的水平净距大于 1.0m 是安全的。灯具采用吊链和软线吊装易受风吹或人为碰撞而晃动，易引发短路事故，很不安全。

发电机房机组的正上方不能布置灯具的道理与之相通，发电机机组平时是处于待机状态的，随时可能启动，对更换灯管的人员有风险。

设计人将灯具布置在了变电所、发电机房内的设备正上方主要原因是：

1) 变电所、发电机房的设备平面布置的设计人与变电所、发电机房内照明灯具的设计人没有配合好，照明设计人在设备平面布置的设计人没有提出设备布置图的情况下，进行了照明布置。

2) 不了解规范对该场所的照明设计的要求。

应对措施：

设计人应在提供了变电所、发电机房的设备平面布置条件的情况下，避开高、低压配电柜，变压器和发电机机组正上方的位置来布置灯具。

问题【6.7】

问题描述：

住宅小区的地下车库照度标准设计为 50lx，不妥。

原因分析：

根据《建筑照明设计标准》GB 50034—2013 第 6.3.1 条中规定：住宅建筑车库照度为 30lx，即住宅小区的地下车库照度为 30lx，标准相对较低；依据《建筑照明设计标准》GB 50034—2013 第 6.3.13 条中规定：公共和工业建筑的公共车库照度为 50lx，即公共建筑的地下车库照度为 50lx，标准相对高些。

应对措施：

熟悉《建筑照明设计标准》GB 50034—2013，严格按相关条款执行。

问题【6.8】

问题描述：

托儿所、幼儿园设置的紫外线杀菌灯没有采取防误开措施。

原因分析：

设计人员对规范条文不熟悉或理解不深刻，设计时不能正确对紫外线灯进行控制。

应对措施：

根据《托儿所、幼儿园建筑设计规范》JGJ 39—2016 第 6.3.3 条规定："托儿所、幼儿园的紫外线杀菌灯的控制装置应单独设置，并应采取防误开措施。"鉴于目前的实际情况，提出三种做法供参考：

1) 采用灯开关控制，并把灯开关设置在门外走廊专用的小箱内并上锁，由专人负责，其他人不能操作。

2) 采用专用回路并集中控制，把控制按钮设在有人值班的房间，确定房间无人时由专人操作开启紫外线灯。

3) 有条件时采用智能控制，探测房间是否有人，由房间无人和固定的消毒时间两个条件操作开启紫外线灯。

6

问题【6.9】

问题描述：

无论房间大小，灯具开关的数量都为一个。

原因分析：

设计人员对规范条文理解不熟悉，设计没有做到位。

应对措施：

根据《建筑照明设计规范》GB 50034—2013 第 7.3.5 条规定，除设置单个灯具的房间外，每个房间照明控制开关不宜少于 2 个。

问题【6.10】

问题描述：

室内照明单相分支回路，采用三相保护和控制电器。

原因分析：

室内照明为单相负荷，若选用三相断路器对三个单相分支回路进行保护，当一相发生过电流时三相同时脱扣，扩大停电范围；且三相合用一根 N 线，若 N 线断线将造成故障，见图 6.10（a）。

应对措施：

应采用单相断路器对照明分支回路进行保护。照明分支回路采用单相断路器进行保护，但接触器仍采用三级，控制不够灵敏，也不利于节能，接触器宜选用双极，见图 6.10（b）。

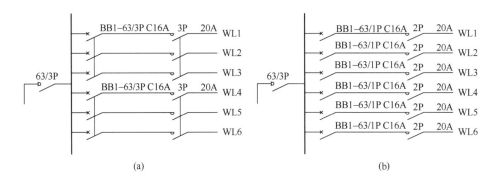

图 6.10　照明配电系统图

问题【6.11】

问题描述：

人防地下室出入口处照明设计，当非防护区与防护区内照明灯具合用同一回路时，在防护密闭门内侧、临战封堵处未设置短路保护装置。

原因分析：

从防护区内引到非防护区的照明电源回路，当非防护区与防护区内照明灯具合用同一回路时，没有在防护密闭门内侧、临战封堵处内侧设置短路保护装置，若非防护区的照明灯具、线路战时一旦被破坏，发生短路会影响到防护区内的照明。

应对措施：

根据《人民防空地下室设计规范》GB 50038—2005 第 7.5.16 条规定：从防护区内引到非防护区的照明电源回路，当防护区内和非防护区灯具共用一个电源回路时，应在防护密闭门内侧、临战封堵处内侧设置短路保护装置（熔断器或断路器保护），或对非防护区的灯具设置单独回路供电。

问题【6.12】

问题描述：

剧院、餐饮、医疗等需要备用照明的场所仅设置消防应急照明（疏散照明和备用照明），不按相关规范设置非消防使用的备用照明。

原因分析：

依据《消防应急照明和疏散指示系统技术标准》GB 51309—2018 的相关规定，据地 8m 及以下的灯具应采用 A 型灯具；住宅建筑中，当灯具采用自带蓄电池供电方式时，消防应急照明可兼用日常照明。因此通常情况下，在非住宅建筑中，消防应急照明是不能兼日常照明的。在需要设置非消防备用的场所，应按规定设置备用照明。举例如下：

1)《剧场建筑设计规范》JGJ 57—2016 第 10.3.14 条规定：特等、甲等剧场的灯控室、调光柜室、声控室、功放室、舞台机械控制室、舞台机械电气柜室、空调机房、冷冻机房、锅炉房等，应设不低于正常照明照度的 50％ 的应急备用照明。

2)《饮食建筑设计规范》JGJ 64—2017 第 5.3.7 条规定：

(1) 中型及中型以上饮食建筑的厨房区域应设置供继续工作的备用照明，其照度不应低于正常照明的 1/5；用餐区域应设置供继续营业的备用照明，其照度不应低于正常照明的 1/10。

(2) 小型饮食建筑的厨房区域、用餐区域，宜设置备用照明，其照度不应低于 10lx。

(3) 一般场所的备用照明启动时间不应大于 1.5s，贵重物品区域和收银台的备用照明应单独设置，其启动时间不应大于 0.5s。

3)《医疗建筑电气设计规范》JGJ 312—2013 第 8.4.1 条规定：重症监护室、急诊通道、化验室、药房、产房、血库、病理实验与检验室等需确保医疗工作正常进行的场所，应设置备用照明；第 8.4.2 条规定：2 类场所中的手术室、抢救室安全照明的照度应为正常照明的照度值，其他 2 类场所中备用照明的照度不应低于一般照明照度值的 50％。

应对措施：

应按相应规范要求，设置备用照明且不应与消防应急照明合用系统，并满足相关的电源转换时间的要求。

问题【6.13】

问题描述：

战时应急照明的连续供电时间不满足防空地下室的隔绝防护时间要求。

原因分析：

未注意不同用途的防空地下室，战时隔绝防护时间的差异。

应对措施：

根据《人民防空地下室设计规范》GB 50038—2005 第 7.5.5 条 4 款规定："战时应急照明的连续供电时间不应小于该防空地下室的隔绝防护时间。"见表 6.13。

战时隔绝防护时间及 CO_2 容许体积浓度、O_2 体积浓度　　　　表 6.13

防空地下室用途	隔绝防护时间/h	CO_2 容许体积浓度/%	O_2 体积浓度/%
医疗救护工程、专业队队员掩蔽部、一等人员掩蔽所、食品站、生产车间、医疗供水站	≥6	≤2.0	≥18.5
二等人员掩蔽所、电站控制室	≥3	≤2.5	≥18.0
物资库等其他配套工程	≥2	≤3.0	—

第7章 建筑防雷及接地系统

问题【7.1】

问题描述：

养老院属人员密集场所，年预计雷击 0.24 次，未按二类防雷建筑物进行防雷设计。

原因分析：

《建筑物防雷设计规范》GB 50057—2010 第 3.0.3 条 9 款规定："预计雷击次数大于 0.05 次/a 的部、省级办公建筑物和其他重要或人员密集的公共建筑物以及火灾危险场所，应划为第二类防雷建筑物。"

这条规范有两个重点：预计雷击次数大于 0.05 次/a 和人员密集的公共建筑物。对于"人员密集的公共建筑物"不同的规范所列也不同。《建筑物防雷设计规范》GB 50057—2010 中规定："人员密集的公共建筑物，如集会、展览、博览、体育、商业、影剧院、医院、学校等建筑物。"

另从《建筑设计防火规范》GB 50016—2014（2018 年版）第 5.5.19 条条文说明及《中华人民共和国消防法》（2019 年版）第七十三条综合：除上述建筑外，宾馆、饭店、公共娱乐场所、候车候船候机厅以及养老院、福利院、托儿所、幼儿园、公共图书馆、劳动密集型企业的生产加工车间和集体宿舍等也属于人员密集建筑物。

应对措施：

养老院属于人员密集场所建筑物，当预计雷击次数大于 0.05 次/a 时，应划为第二类防雷建筑物。

问题【7.2】

问题描述：

在变电所低压配电系统图中，变压器低压受电柜内的电涌保护器（SPD）位置设计不当，会造成配电柜内的 SPD 安装不规范，不能满足 SPD 两端的引线长度超过 0.5m 的规范要求。一般来讲，低压配电柜相线母排在柜顶，PE 排在柜底，柜高 2.2m，如果从柜顶接线，难以保证 SPD 接线总长不超过 0.5m。可能造成的结果是雷电引起 SPD 过电压，引起配电柜内部起火。图 7.2-1 就是这种情况。

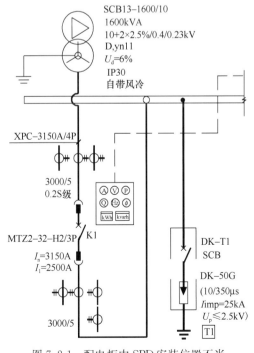

图 7.2-1 配电柜中 SPD 安装位置不当

原因分析：

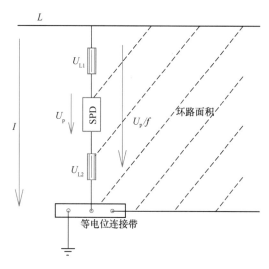

图 7.2-2 相线与等电位联结带之间的电压

关于 SPD 两端引线长度，在《建筑物电子信息系统防雷技术规范》GB 50343—2012 的第 5.4.3 条第 8 款明确规定：电源线路浪涌保护器在各个位置安装时，浪涌保护器的连接导线应短直，其总长度不宜大于 0.5m。电源 SPD 的 U_p 应小于被保护设备的耐冲击电压额定值 U_w。一般应加上 20% 的安全裕量，即有效的电压保护水平 U_p 小于 $0.8U_w$。也就是说，SPD 的电压保护水平 U_p/f 等于电压保护水平 U_p 加上其两端引线的感应电压之后，应小于所在系统和设备的绝缘耐冲击电压值，并不宜大于被保护设备耐压水平的 80%。实际安装 SPD 时往往存在许多限制条件，难免出现 SPD 两端引线过长的问题，使得安装后的设备达不到技术指标。

雷电流属于高频电流。大幅度波动的雷电暂态电流可以在接地线微小的电感上产生较强的电压降。在雷电流作用时，保护支路两端的实际钳位电压 U_p/f 通常分为 U_p 与（$U_{L1}+U_{L2}$）两部分，见图 7.2-2，即：

$$U_p/f = U_p + (U_{L1}+U_{L2}) < U_w \qquad 式（7.2）$$

式中：$U_{L1}+U_{L2}$——SPD 两端引线 L1 与 L2 的感应电压；

$\quad\quad\quad U_p$——SPD 的本身的保护电压；

$\quad\quad\quad U_w$——导线上的电压降取决于电阻 R 和电感 L 上的电压降，降低导线的电阻值和电感值是有效的降压手段。

在雷击的情况下，接地线上的电压降主要取决于接地线上的电感，受电阻的影响较小。而电感主要取决于导线的长度，因此缩短接地线长度的方法比增加截面积的办法来减少地线上的电压降效果更好。

一般电气设备的耐冲击过电压水平 U_w 为 2.5kV 或 4.0kV。当 SPD 连接线过长使有效电压保护水平 U 大于耐压上限，SPD 对设备不但不起保护作用，反而产生危害。

因此，规范规定：浪涌保护器连接导线应平直，其长度不宜大于 0.5m。

应对措施：

为了保证 SPD 能在暂态过电压的作用下及时而可靠地限压，设计中应强调："浪涌保护器连接导线应平直，其长度不宜大于 0.5m"；同时满足在施工中，将 SPD 安装在配电柜下部，使 SPD 的 PE 端就近与配电柜接地排连接，SPD 的上端引尽量短的导线至相线母排，如图 7.2-3，可实现电源相线和接地线满足总长度小于 0.5m。

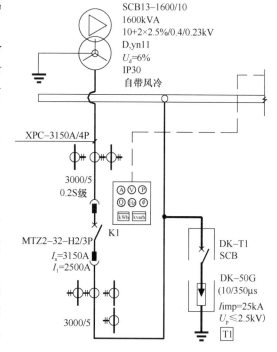

图 7.2-3 配电柜中 SPD 安装正确位置

问题【7.3】

问题描述：

屋顶及首层室外景观配电箱的 SPD 选择不合理。

原因分析：

设计人员对规范条文理解不熟悉，SPD 规格及参数选择不当。

应对措施：

屋顶景观配电箱应根据《建筑物防雷设计规范》GB 50057—2010 第 4.5.4 条相关内容进行设置：

> 固定在建筑物上的节日彩灯、航空障碍信号灯及其他用电设备和线路应根据建筑物的防雷类别采取相应的防止闪电电涌侵入的措施并应符合下列规定：
> ……
> 3　在配电箱内应在开关的电源侧装设Ⅱ级试验的电涌保护器，其电压保护水平不应大于 2.5kV，标称放电电流值应根据具体情况确定。

根据《建筑物电子信息系统防雷技术规范》GB 50343—2012，进入建筑物的交流供电线路，在线路的总配电箱 LPZ0A 或 LPZ0B 与 LPZ1 区交界处，应设置Ⅰ类试验的浪涌保护器或Ⅱ类试验的浪涌保护器作为第一级保护；在配电线路分配电箱、电子设备机房配电箱等后续防护区交界处，可设置Ⅱ类或Ⅲ类试验的浪涌保护器作为后级保护；特殊重要的电子信息设备电源端口可安装Ⅱ类或Ⅲ类试验的浪涌保护器作为精细保护。使用直流电源的信息设备，视其工作电压要求，宜安装适配的直流电源线路浪涌保护器。

用于电源线路的浪涌保护器的冲击电流和标称放电电流参数推荐值按表 7.3 的规定：

电源线路浪涌保护器冲击电流和标称放电电流参数推荐表　　表 7.3

雷电防护等级	总配电箱		分配电箱	设备机房配电箱和需要特殊保护的电子信息设备端口处	
	LPZ0 与 LPZ1 边界		LPZ1 与 LPZ2 边界	后续防护区的边界	
	$10/350\mu s$ Ⅰ类试验	$8/20\mu s$ Ⅱ类试验	$8/20\mu s$ Ⅱ类试验	$8/20\mu s$ Ⅱ类试验	$1.5/50\mu s$ 和 $8/20\mu s$ 复合波Ⅲ类试验
	I_{imp}(kA)	I_n(kA)	I_n(kA)	I_n(kA)	U_{oc}(kV)/I_{sc}(kA)
A	≥20	≥80	≥40	≥5	≥10/≥5
B	≥15	≥60	≥30	≥5	≥10/≥5
C	≥12.5	≥50	≥20	≥3	≥6/≥3
D	≥12.5	≥50	≥10	≥3	≥6/≥3

问题【7.4】

问题描述：

第二类防雷建筑屋面接闪网格不满足《建筑物防雷设计规范》GB 50057—2010 第 4.3.1 条规定，即接闪网格在整个屋面组成不大于 10m×10m 或 12m×8m 的网格。

原因分析：

设计人员对规范中要求的屋面组成不大于 $10m\times10m$ 或 $12m\times8m$ 的网格理解偏差，认为组成网格的面积不大于 $10m\times10m$ 或 $12m\times8m$ 即可。

应对措施：

《建筑物防雷设计规范》GB 50057—2010 第 4.3.1 条规定接闪网格在整个屋面组成不大于 $10m\times10m$ 或 $12m\times8m$ 的网格，应理解为长度不大于 10m，同时宽度不大于 10m 或长度不大于 12m，同时宽度不大于 8m。

问题【7.5】

问题描述：

消防控制室内不设置接地装置或接地板与建筑接地体之间采用扁钢（结构钢筋）连接。

原因分析：

依据《火灾自动报警系统设计规范》GB 50116—2013 第 10.2.2～10.2.4 条规定：消防控制室内的电气和电子设备的金属外壳、机柜、机架和金属管、槽等，应采用等电位联结；消防控制室接地板与建筑接地体之间，应采用线芯截面积不小于 $25mm^2$ 的铜芯绝缘导线连接。

依据《建筑物防雷设计规范》GB 50057—2010 第 5.1.2 条，从屋内金属装置至等电位联结带的连接导体，当采用铜导体时，最小截面不应小于 $6mm^2$。弱电机房的接地考虑到直流阻抗的原因，不建议采用铁质材料，高频电流会使铁质导体产生磁通，使其成为不良导体。

应对措施：

消防控制室的接地应从基础接地引出不小于 $25mm^2$ 铜导体，且应采用非金属导管（如塑料）敷设。其他有高频电流场所的弱电机房可参照执行。

问题【7.6】

问题描述：

在一栋建筑物中，为弱电装置（设备）设置独立接地体，不与本建筑共用接地装置。

原因分析：

如《建筑物防雷设计规范》GB 50057—2010 第 4.2.4.6 的条文说明所述：在一栋建筑物中设置了独立接地体，在动态条件下实际上是把人身安全和设备安全放在第二位，这是不对的；应将人身安全放在第一位来处理接地和等电位联结。

一栋建筑物设有独立接地体的情况如图 7.6-1 所示，其与建筑物共用接地体之间在地中的土壤可以看作是阻抗 Z_{earth}，见图 7.6-2。当有电流 I_{earth} 流过土壤阻抗 Z_{earth} 时，$U=I_{earth}\times Z_{earth}$，这一压降就是独立接地体与共用接地体之间的共模电位差。当 I_{earth} 为雷击电流或 50Hz 短路电流时，在电子系统与 PE 线或其周围共用接地系统之间将会产生跳击而损坏设备；当 I_{earth} 为干扰电流时，将对电子系统产生干扰。因此，美国的国家电气法规 NEC 和国际电工委员会 IEC 的一些标准都规定，每一建筑物（每一装置）的所有接地体都应与等电位直接联结在一起，通常是在总等电位联结带处，见图 7.6-3。这样就消除了上述的共模电位差 U。

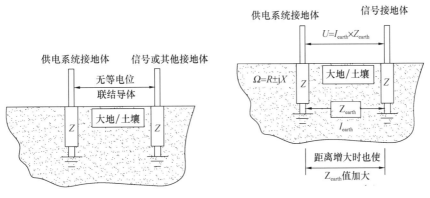

图 7.6-1　典型分开的接地　　　图 7.6-2　独立接地体与共用接地体之间的
共模电位差

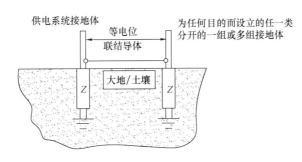

图 7.6-3　IEC 和美国 NEC 要求在各组接地体之间做等电位联结

IEC 信息技术装置绝大多数为数字化，其怕干扰的频率为数十乃至数百兆赫兹。在高频条件下，作为复数的接地阻抗大大增加。例如，一个 61m 长的水平接地体，在小于 10kHz 频率下的阻抗为 6～7Ω，当频率增大至 1MHz 时，其阻抗将加大到 52Ω。所以，功能性接地电阻要求很低的直流至工频的接地电阻（如 0.5～1Ω）是毫无意义的，而且浪费了人力和财力。

应对措施：

共用接地装置的接地电阻按 50Hz 电气装置的接地电阻确定，应为不大于按人身安全所确定的接地电阻值。当为共用接地装置时，工频接地电阻应取决于 50Hz 供电系统对人身安全的合理要求值。需要指出，工频接地电阻值取决于供电变压器是否设在本建筑物内，高压是采用不接地系统还是小电阻接地系统，低压是采用 TN‐C‐S、TN‐S、TT 还是 IT 系统等因素。具体参见《低压电气装置　第 4‐44 部分：安全防护　电压骚扰和电磁骚扰防护》GB/T 16895.10—2010/IEC 60364‐4‐44：2007 第 442 节低压装置防高压系统接地故障和低压系统故障引发的暂态过电压和其他相关资料。

问题【7.7】

问题描述：

第二类防雷建筑物，高度超过 45m 的建筑物仅屋顶设置外部防雷装置，其外立面突出外墙的物体未采取相应的防雷措施。

原因分析：

依据《建筑物防雷设计规范》GB 50057—2010 第 4.3.9 条规定：高度超过 45m 的建筑物，除屋顶的外部防雷装置应符合本规范第 4.3.1 条的规定外尚应符合下列规定：

1　对水平突出外墙的物体，当滚球半径 45m 球体从屋顶周边接闪带外向地面垂直下降接触到突出外墙的物体时，应采取相应的防雷措施。

2　高于 60m 的建筑物，其上部占高度 20% 并超过 60m 的部位应防侧击，防侧击应符合下列规定：

1）在建筑物上部占高度 20% 并超过 60m 的部位，各表面上的尖物、墙角、边缘、设备以及显著突出的物体，应按屋顶上的保护措施处理。

2）在建筑物上部占高度 20% 并超过 60m 的部位，布置接闪器应符合对本类防雷建筑物的要求，接闪器应重点布置在墙角、边缘和显著突出的物体上。

如图 7.7 所示，与所规定的滚球半径相适应的一球体从空中沿接闪器 A 外侧下降，会接触到 B 处，该处应设相应的接闪器；但不会接触到 C、D 处，该处不需设接闪器。该球体又从空中沿接闪器 B 外侧下降，会接触到 F 处，该处应设相应的接闪器。若无 F 虚线部分，球体会接触到 E 处时，E 处应设相应的接闪器；当球体最低点接触到地面，还不会接触到 E 处时，E 处不需设接闪器。

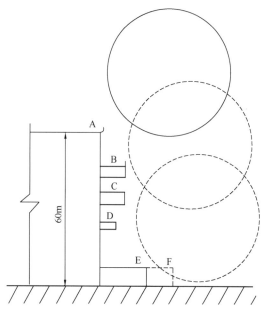

图 7.7　雷击滚球剖面示意图

应对措施：

1）当外部金属物最小尺寸符合 GB 50057—2010 第 5.2.7 条第 2 款的规定时，可利用其作为接闪器，还可利用布置在建筑物垂直边缘处的外部引下线作为接闪器。

2）当钢筋符合 GB 50057—2010 第 4.3.5 条规定的钢筋混凝土内钢筋要求，建筑物金属框架符合第 5.3.5 条规定时，作为引下线或与引下线连接时，均可利用其作为接闪器。

3）当 E 处为裙房时，可按 GB 50057—2010 第 4.3.1 条规定，宜采用装设在建筑物上的接闪网、接闪带或接闪杆，也可采用由接闪网、接闪带或接闪杆混合组成的接闪器。接闪网、接闪带应按 GB 50057—2010 附录 B 的规定沿屋角、屋脊、屋檐和檐角等易受雷击的部位敷设，并应在整个屋面组成不大于 10m×10m 或 12m×8m 的网格，并与主楼接闪器和引下线相连。

问题【7.8】

问题描述：

由于设计要求不到位，验收时发现金属电缆桥架的接地不满足《电气装置安装工程　接地装置施工及验收规范》GB 50169—2016 的相关规定。

原因分析：

沿电缆桥架敷设铜绞线、镀锌扁钢及利用沿桥架构成电气通路的金属构件，如安装托架用的金属构件作为接地网时，电缆桥架的接地不符合下列规定：

1）电缆桥架全长不大于 30m 时，与接地网相连不应少于 2 处。

2）全长大于 30m 时，应每隔 20~30m 增加与接地网的连接点。

3）电缆桥架的起始端和终点端应与接地网可靠连接。

金属电缆桥架的接地不符合下列规定：

1）宜在电缆桥架的支吊架上焊接螺栓，和电缆桥架主体采用两端压接铜鼻子的铜绞线跨接，跨接线最少截面积不应小于 4mm²。

2）电缆桥架的镀锌支吊架和镀锌电缆桥架之间无跨接地线时，其间的连接处应有不少于 2 个带有防松螺帽或防松垫圈的螺栓固定。

应对措施：

设计及施工时严格按《电气装置安装工程　接地装置施工及验收规范》GB 50169—2016 第 4.3.8 及 4.3.9 条的规定执行。

问题【7.9】

问题描述：

酒店建筑、综合体建筑的游泳池未按规范、图集要求设置局部等电位联结。

原因分析：

游泳池按电击危险程度划分为三个区，即 0 区、1 区、2 区；在 0、1 及 2 区内应作局部等电位联结，下列导电部分应与等电位联结导体可靠连接：

1）水池构筑物的所有金属部件，包括水池外框，石砌挡墙和跳水台中的钢筋。

2）所有成型外框。

3）固定在水池构筑物上或水池内的所有金属配件。

4）与池水循环系统有关的电气设备的金属配件，包括水泵、电动机。

5）水下照明灯的电源及灯盒、爬梯、扶手、给水口、排水口及设备外壳等。

6）采用永久性间壁将其与水池地区隔离的所有固定的金属部件。

7）采用永久性间壁将其与水池地区隔离的金属管道和金属管道系统等。这些需要作局部等电位联结的部件往往随建筑主体施工作为隐蔽工程完成，设计师常常漏设计。

7

应对措施：

依据《等电位联结安装》15D502 第 20 页的做法实施，参见图 7.9。

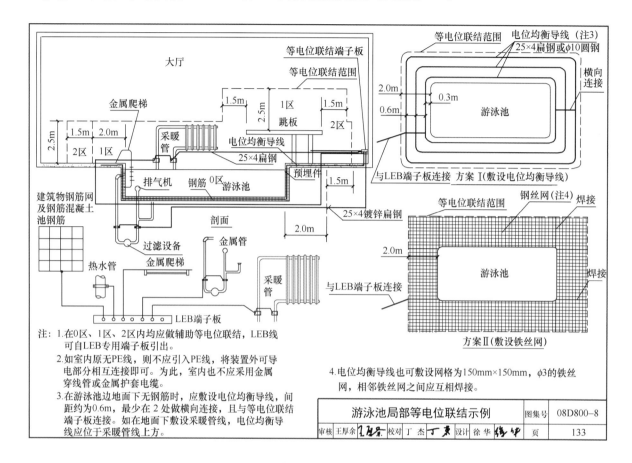

图 7.9 游泳池局部等电位联结示例

问题【7.10】

问题描述：

柴油发电机房储油间的油箱未做防静电接地。

原因分析：

设计人员在做柴油发电机房接地设计时往往只做了储油间的接地，而没做储油箱的接地设计，不满足《民用建筑电气设计标准》GB 51348—2019 第 6.1.12.2 条的规定。

应对措施：

储油箱防静电接地应满足：储油箱的金属设备、容器和管道应接地；注油设备的所有金属体都应接地；移动时可能产生静电危害的器具应接地。

问题【7.11】

问题描述：

学校的教学楼、图书馆、实验楼、学生宿舍、体育馆、会堂等建筑按三类防雷建筑物设防。

原因分析：

学校建筑被看成非人员密集建筑或场所。把预计雷击次数大于或等于 0.05 次/a，且小于或等于 0.25 次/a 的教学楼、图书馆、实验楼、学生宿舍、体育馆、会堂等建筑按一般性民用建筑划分为三类防雷建筑物。

应对措施：

根据《教育建筑电气设计规范》JGJ 310—2013 第 9.2.2.2 条规定："年预计雷击次数大于 0.05 次/a 的教学楼、图书馆、实验楼、学生宿舍、体育馆、会堂等建筑应划为第二类防雷建筑物。"

问题【7.12】

问题描述：

金属屋面做接闪器没说明金属屋面应满足的条件。

原因分析：

设计人员没有认真了解各种金属屋面的厚度与闪击通道接触处由于熔化而烧穿的情况。

应对措施：

应满足《建筑物防雷设计规范》GB 50057—2010 的第 5.2.7 条的要求：

1）板间的连接应是持久的电气贯通，可采用铜锌合金焊、熔焊、卷边压接、缝接、螺钉或螺栓连接。

2）金属板下面无易燃物品时，铅板的厚度不应小于 2mm，不锈钢、热镀锌钢、钛和铜板的厚度不应小于 0.5mm，铝板的厚度不应小于 0.65mm，锌板的厚度不应小于 0.7mm。

3）金属板下面有易燃物品时，不锈钢、热镀锌钢和钛板的厚度不应小于 4mm，铜板的厚度不应小于 5mm，铝板的厚度不应小于 7mm。

4）金属板应无绝缘被覆层。

注：薄的油漆保护层或 1mm 厚沥青层或 0.5mm 厚聚氯乙烯层均不应属于绝缘被覆层。

5）一种夹有非易燃物保温层的双金属板做成的屋面板（彩板），只要上层金属板的厚度满足本条第 2 款的要求即可。

问题【7.13】

问题描述：

医院建筑设计中接地设计不完整。

7

原因分析：

对医疗建筑接地特点了解不够全面。

应对措施：

依据《医疗建筑电气设计规范》JGJ 312—2013 第 9.3、第 9.4 条规定：

医院建筑的接地分保护接地、医疗设备接地、防静电接地、屏蔽接地及各种机房接地。宜采用共用接地系统（理想的工作接地是分别采用独立的接地极、独立的接地线，并采取严格的绝缘措施与其他接地系统隔离开。但由于场地的限制，多数工程设计满足不了要求）。

1）屏蔽接地：在磁共振扫描室、理疗室、心脑检测室等需要电磁屏蔽的地方设置屏蔽接地端子。屏蔽接地与防雷接地、保护接地共用接地装置，与保护接地共用接地线。

2）防静电接地：对氧气、真空吸引、压缩空气等医用气体管路进行防静电接地。

防静电接地与防雷接地、保护接地共用接地装置，与保护接地共用接地线。

3）医疗设备的接地：各种医疗设备室、手术室、抢救室、实验室、检验科、病房等房间设置医疗设备接地端子。医疗设备接地与防雷接地、保护接地共用接地装置，独立设置接地线。手术室及抢救室应采用防静电地面，其表面电阻或体积电阻应在 $1.0 \times 10^4 \sim 1.0 \times 10^9 \Omega$。

4）医疗建筑内的敏感电子设备宜远离建筑物外墙及防雷引下线，当环境中的电磁干扰值不能满足诊疗设备要求时，应采取电磁屏蔽措施。

问题【7.14】

问题描述：

医院建筑设计中安全措施设计不完整。

原因分析：

对医疗建筑安全措施了解不够全面，医院的安全措施包含总等电位联结、局部等电位联结、医用 IT 系统、剩余电流动作保护、雷击电磁脉冲的防护等。

应对措施：

1）局部等电位联结：对手术室，抢救室，ICU、CCU 等监护病房，治疗室，肠胃镜，各种功能检查室，带淋浴的卫生间等采用局部等电位连接；医用局部等电位母排应安装在医疗场所的附近，且应靠近配电箱，联结应明显，并可独立断开。

2）剩余电流动作保护：对医疗动力插座回路设置剩余电流动作保护器。1 类和 2 类医疗场所应选择安装 A 型或 B 型剩余电流保护器。在 2 类医疗场所区域内，TN 系统仅可在下列回路中采用不超过 30mA 的额定剩余电流，并具有过流保护的剩余电流动作保护器（RCD），且剩余电流动作保护器应采用电磁式：（1）手术台驱动机构供电回路；（2）X 射线设备供电回路；（3）额定功率大于 5kVA 的设备供电回路；（4）非生命支持系统的电气设备供电回路。

3）雷击电磁脉冲的防护：大型医疗设备、电子信息系统等的电源线路、信号线路加装电涌保护器。

4）医用 IT 系统：为防电气设备对患者产生微电击，对手术室，抢救室，ICU、CCU 等监护病房采用 IT 系统，将电源对地进行隔离，并进行绝缘监视及报警。医疗场所内由局部 IT 系统供电的设备金属外壳接地应与 TN-S 系统共用接地装置。

问题【7.15】

问题描述：

人防区域相关设施设备未做等电位联结及未预留接地装置。

原因分析：

设计人员对人防工程设计不够重视，认为只要能通过验收就好，各人防门的金属门框未做等电位联结，洗消间未做局部等电位联结，防化值班室未预留接地装置。

应对措施：

依据《人民防空地下室设计规范》GB 50038—2005 第 7.6.3 条规定，防空地下室室内应将下列导电部分做等电位联结：

1) 保护接地干线。

2) 电气装置人工接地极的接地干线或总接地端子。

3) 室内的公用金属管道，如通风管、给水管、排水管、电缆或电线的穿线管。

4) 建筑物结构中的金属构件，如防护密闭门、密闭门、防爆波活门的金属门框等。

5) 室内的电气设备金属外壳。

6) 电缆金属外护层。

第 7.6.4 条规定：各防护单元的等电位联结，应相互连通成总等电位，并应与总接地体连接。总等电位联结是接地故障保护的一项基本措施，它可以在发生接地故障时显著降低电气装置外露导电部分的预期接触电压，减小保护电器动作不可靠的危险性，消除或降低从建筑物蹿入电气装置外露导电部分上的危险电压的影响。

7

第8章 电气消防系统

8.1 消防配电系统

问题【8.1.1】

问题描述：

宿舍、公寓、公寓式酒店、酒店式公寓、无治疗功能的休养性质的月子护理中心按什么类型的建筑进行消防设计？

原因分析：

实际工程设计中，如何将发展商命名的各式建筑对应到规范条文中的类型，做出准确的设计。

应对措施：

1) 按《民用建筑设计统一标准》GB 50352—2019 第 2 条术语规定："2.0.2 居住建筑 residential building 供人们居住使用建筑。2.0.3 公共建筑 public building 供人们进行各种公共活动的建筑。"

2) 在上述标准第 3.1.1 条中明确居住建筑可分为住宅建筑和宿舍建筑。在《住宅建筑规范》GB 50368—2005 第 2 条术语第 2.0.1 款住宅建筑定义为：供家庭使用的建筑（含与其他功能空间处于同一建筑中的住宅部分），简称住宅。在《宿舍建筑设计规范》JGJ 36—2016 第 2 条术语第 2.0.1 款宿舍建筑定义为：有集中管理且供单身人士使用的居住建筑。

3) 因此，宿舍、公寓等非住宅类居住建筑的消防设计应符合有关公共建筑的规定；公寓式酒店、酒店式公寓、无治疗功能的休养性质的月子护理中心，应按旅馆建筑的要求进行消防设计。

问题【8.1.2】

问题描述：

沐足、棋牌、美容是否属于歌舞娱乐放映游艺场所，应按歌舞娱乐场所进行消防设计？

原因分析：

规范中没有明确定义歌舞娱乐放映游艺场所，造成分歧。

应对措施：

1) 在 2006 版《建筑防火设计规范》GB 50016 第 5.4.9 条文解释中，歌舞娱乐放映游艺场所是指歌厅、舞厅、录像厅、夜总会、卡拉 OK 厅和具有卡拉 OK 功能的餐厅或包房、各类游艺厅、桑拿浴室的休息室和具有桑拿服务功能的客房、网吧等场所，不包括电影院和剧场的观众厅。歌舞娱乐放映游艺场所属于公共娱乐场所和人员密集场所。

2)《人员密集场所消防安全管理》XF 654—2006 中第 3 条术语与定义 3.1 款，公共娱乐场所指具有文化娱乐、健身休闲功能并向公众开放的室内场所。包括影剧院、录像厅、礼堂等演出、放映场所，舞厅、卡拉 OK 厅等歌舞娱乐场所，具有娱乐功能的夜总会、音乐茶座、酒吧和餐饮场所，游艺、游乐场所，保龄球馆、旱冰场、桑拿等娱乐、健身、休闲场所和互联网上网服务营业场所。

3)《歌舞娱乐放映游艺场所消防安全管理规范》DB42/T 412—2009 第 3 条术语与定义第 1 款，歌舞娱乐放映游艺场所是指向公众开放的下列场所：

1　电影院、剧院、录像厅、礼堂等演出、放映场所；
2　演艺场所、舞厅、卡拉 OK 厅等歌舞娱乐场所；
3　具有娱乐功能的夜总会、音乐茶座；
4　游艺、网吧、游乐场所；
5　保龄球馆、旱冰场、桑拿浴室等营业性健身休闲场所。

4)因此沐足、棋牌属于歌舞娱乐场所，按此类别进行消防设计。美容不属于歌舞娱乐放映游艺场所，但属于营业性健身、休闲类公共娱乐场所，按公共建筑进行消防设计。

问题【8.1.3】

问题描述：

用于教学的实训楼，如卫生职业技术学院中的老年人护理、医学院中的模拟病房、商贸学院中的模拟酒店客房等用房，按什么建筑进行消防设计？

原因分析：

设计人员对不同类型的教学模拟用房的消防系统设置原则不清楚。

应对措施：

上述场所属于教育建筑，应按教育建筑的要求进行消防设计。

问题【8.1.4】

问题描述：

包含多栋单体建筑的综合体项目，其消防负荷计算及柴油发电机组的选择问题。

原因分析：

之前各类规范未说明此类建筑的消防负荷计算原则，不少项目按 100% 消防负荷用电容量选取发电机，与实际消防设备运行工况出入较大，不可取。

应对措施：

1)《民用建筑电气设计标准》GB 51348—2019 第 3.5.4 条：建筑物消防用电设备的计算负荷，应按共用的消防用电设备、发生火灾的防火分区内的消防用电设备及所有与其关联的防火分区消防用电设备的计算负荷之和确定。

2）对于大型建筑群体，可结合建筑物类别、功能要求、供电距离等因素分区域设置柴油发电机组，并对区域内的消防用电负荷分别进行计算。每个区域内柴油发电机容量应满足建筑火灾延续时间内各消防用电设备持续运行的要求。

3）区域内消防用电负荷的计算，一般考虑一处火灾点，但要考虑到火灾蔓延的迅速性、人员疏散的安全性以及消防设施工作的时限性等要求，因此不仅要计算发生火灾的防火分区，还要考虑关联分区（竖向及水平）的相应消防用电设施。

4）由于区域内任一处发生火灾都需要消防疏散、灭火扑救，因此区域内应急照明、消防电梯、消防控制室和相关消防水泵等的用电量均应纳入该区域消防用电负荷的计算。如果区域内智能化系统如视频安防监控系统也用于辅助火灾确认、火场查看及消防指挥，其用电也应纳入该区域消防用电负荷的计算。

5）区域内消防风机的用电量需要认真核算。如项目最不利着火点是裙楼，那应计算裙楼失火分区＋关联水平分区＋关联地下室分区＋塔楼的所有消防风机。当区域内有多个塔楼时，可按最大塔楼的消防风机容量选择。

问题【8.1.5】

问题描述：

三级负荷的消防泵的配电是否可以单电源配电。三级负荷的消防设备如排烟风机，是否要在同一段母线引出两个回路，在最末一级配电箱处自动切换。

原因分析：

设计人员对电气负荷分级及消防安全的要求理解不够深入。

应对措施：

1）《民用建筑电气设计标准》GB 51348—2019 第 13.7.4 条第 5 款：消防用电负荷等级为三级负荷时，消防设备电源可由一台变压器的一路低压回路供电或一路低压进线的一个专用分支回路供电。

2）消防负荷为三级负荷，可采用单电源供电，不需末端切换。相应的供电线缆应保证相应的消防负荷火灾时的连续供电时间要求。

3）《建筑设计防火规范》GB 50016—2014（2018 年版）第 10.1.8 条，"消防控制室、消防水泵房、防烟和排烟风机房的消防用电设备及消防电梯等的供电，应在其配电线路的最末一级配电箱处设置自动切换装置"是针对需要双路电源供电的消防负荷而言的。

问题【8.1.6】

问题描述：

消防水泵控制柜没有设置机械应急启泵功能，不满足规范强条要求。

原因分析：

1）设计人员对相关专业规范不熟悉。
2）标准图集无明确设置方式，如何贯标行业里还没有达成共识。

应对措施：

1）本要求为《消防给水及消火栓系统技术规范》GB 50974—2014 第 11.0.12 条中对于消防水泵控制的要求，属于强制性条文。

2）国标图集《消防给水及消火栓系统技术规范》图示 15S909 中对此设置无明确交代，仅提供有示意图，如图 8.1.6 所示。

国标图集《常用水泵控制电路图》16D303—3 中也没有相关设置内容。从各项目订货反馈有机械应急启动装置有多种方案，如增设并联开关方案（可能需要增设 1 台柜体）、手动手柄操作接触器方案（似乎最合理）。

3）为防止设计不满足强条要求，建议设计时在消防水泵控制箱系统图中补充相关说明。

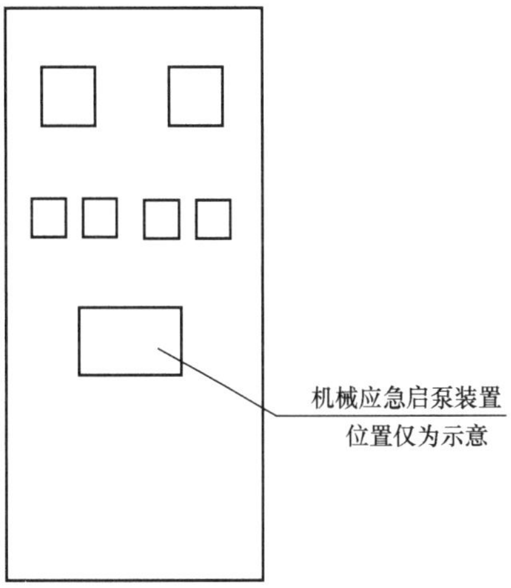

问题【8.1.7】

问题描述：

双速风机的导线截面如何选择。

机械应急启泵装置
位置仅为示意

图 8.1.6　控制箱界面示意图

原因分析：

常见设计为：至双速风机的导线采用两条电缆供电，高速采用大截面电缆，低速采用小截面电缆，电缆截面的选择是按热继电器的整定值选择。

以上电缆供电方式存在以下问题：至双速风机的断路器为同一个断路器，根据《低压配电设计规范》GB 50054—2011 第 6.2.1 条：配电线路的短路保护电器，应在短路电流对导体和连接处产生的热作用和机械作用造成危害之前切断电源。故热继电器不能作为短路保护，短路保护由断路器完成，若在低速时选择小截面电缆时，需满足 GB 50054—2011 第 6.2.5 条的规定：

1　短路保护电器至回路导体载流量减小处的这一段线路长度，不应超过 3m。
2　应采取将该段线路的短路危险减至最小的措施。
3　该段线路不应靠近可燃物。

应对措施：

按常规风机房尺度，线缆总长度（水平距离＋垂直距离＋附属长度）大概率会超过 3m，建议采用 2 条等截面的线路供电。

问题【8.1.8】

问题描述：

电缆桥架是否可以穿越楼梯间或电梯前室。

原因分析：

《建筑设计防火规范》GB 50016—2014（2018 年版）第 6.4.1 条第 6 款规定："封闭楼梯间、防烟楼梯间及其前室内禁止穿过或设置可燃气体管道。"第 6.4.3 条第 5 款规定："除住宅建筑的楼梯间前室外，防烟楼梯间和前室内的墙上不应开设除疏散门和送风口外的其他门、窗、洞口。"没有明确电缆桥架能否穿越封闭楼梯间、防烟楼梯间及其前室。

应对措施：

1）为保障疏散安全，电缆桥架尽可能不穿越封闭楼梯间和防烟楼梯间、疏散前室。实在无法躲避时，电缆桥架可穿越前室或合用前室，但应做防火封堵，并提资建筑专业做夹层或吊装防火隔板。

2）电缆桥架敷设时，需要在前室的墙上开洞，但敷设完毕后，要做防火封堵，并吊装防火隔板。这样也不能称之为洞口，完全符合规范要求。

问题【8.1.9】

问题描述：

事故风机未在其服务区域室内、外设置手动控制按钮。

原因分析：

设计人员对规范中涉及安全的要求理解不够深入，设计没有做到位。

应对措施：

1）根据《民用建筑供暖通风与空气调节设计规范》GB 50736—2012 第 6.3.9 条第 2 款，事故通风的手动控制装置应在室内外便于操作的地点分别设置。手动控制装置安装位置参照《工业建筑供暖通风与空气调节设计规范》GB 50019—2015 第 6.4.7 条要求：事故通风的通风机应分别在室内及靠近外门的外墙上设置电气开关。

2）同一台事故风机的相应操作按钮，可根据现场情况，分别引控制线或合用控制线至风机控制箱对应的端子排连接。

8.2　消防应急照明系统

问题【8.2.1】

问题描述：

高层建筑的航空障碍灯接到了应急照明回路。

原因分析：

高层建筑的航空障碍灯应按该建筑物的最高级别负荷供电，一类高层住宅建筑的航空障碍灯应为非消防的一级负荷，其配电箱应独立设置，按照明、动力、消防及其他防灾用电负荷分别自成系统，航空障碍灯电源既不能接入屋顶的应急照明回路也不能接入风机、客梯等配电回路。

应对措施：

建议从变电所市电低压母线及发电机低压确保母线各引出一个回路，分别设置 2 个总配电箱，再各自放射至各栋塔楼屋顶的末端双电源箱给航空障碍灯配电，类似一类高层的客梯供电方式。

问题【8.2.2】

问题描述：

应急照明与平时正常按一、二级负荷供电的照明相混淆。

原因分析：

依《建筑设计防火规范》GB 50016—2014（2018 年版）第 10.1.1.2 条及第 10.1.2.4 条的规定可知：一类、二类高层民用建筑的火灾应急照明等消防用电分别为一级、二级负荷；而按《民用建筑电气设计标准》GB 51348—2019 附录 A 表的规定：一类、二类高层住宅建筑的主要通道及楼梯间照明也分别为一级、二级负荷。这两种照明从供电的可靠性上都要求除有主电源外还应有备用电源，但两者是有区别的，前者属消防应急照明在火灾时应给予保证；后者属非消防照明为非消防负荷，火灾时应将其切除。有的设计师没有正确区分，将公共走道或前室的上述两种照明灯都从公共照明双电源切换箱中的一个回路供电，实际上是将走道的火灾应急照明与非火灾照明混接，这显然不符合消防负荷应由专用回路供电的要求。应急照明不仅是火灾时的照明，应急照明也是正常照明失效而启用的照明，如设备故障、台风自然灾害等，火灾只是其中一种；显然应急照明也分为火灾应急照明和非火灾应急照明，火灾应急照明比非火灾应急照明要求高，一般两者兼用满足其中要求较高者。

应对措施：

对于一、二类高层住宅，公共走道内除应急照明外其他的灯具较少，为了接线简单、投资少，可将公共走道全部的灯均作为火灾应急照明对待，共用一台专用双电源切换箱，但不共用配电回路。对于一、二类高层公寓、酒店等类型建筑，公共走道灯具数量较多，就应按消防应急照明和非消防照明分别配电。消防应急照明的设置应满足《消防应急照明和疏散指示系统技术标准》GB 51309—2018 的相关条文规定。

问题【8.2.3】

问题描述：

消防疏散照明的设置不符合规范要求，发生少设、漏设、多设等情况。

原因分析：

设置消防疏散照明的基本原则为：是否需要设置应符合《建筑设计防火规范》GB 50016—2014（2018 年版）的规定，具体如何设置应符合《消防应急照明和疏散指示系统技术标准》GB 51039—2018 的要求。

8

应对措施：

1）GB 50016 第 10.3.1 条规定：除建筑高度小于 27m 的住宅建筑外，民用建筑、厂房和丙类仓库的下列部位应设置疏散照明：

（1）封闭楼梯间、防烟楼梯间及其前室、消防电梯间的前室或合用前室、避难走道、避难层（间）；

（2）观众厅、展览厅、多功能厅和建筑面积大于 200m² 的营业厅、餐厅、演播室等人员密集的场所；

（3）建筑面积大于 100m² 的地下或半地下公共活动场所；

（4）公共建筑内的疏散走道；

（5）人员密集的厂房内的生产场所及疏散走道。

2）设置应急照明灯的部位或场所应符合 GB 51309 第 3.2.5 条规定，疏散标志灯的设置应符合 GB 51309 第 3.2.8、3.2.9 条规定。

问题【8.2.4】

问题描述：

多层和高层住宅的底层及二层为商业服务网点，其商业服务网点的面积大于 200m² 的营业厅没有设置疏散照明。

原因分析：

有的设计人员不熟悉相关规范，认为多层和高层住宅的底层及二层为一户户的商铺就不用设置疏散照明。

应对措施：

根据《建筑设计防火规范》GB 50016—2014（2018 年版）第 10.3.1.2 条："观众厅、展览厅、多功能厅和建筑面积大于 200m² 的营业厅、餐厅等人员密集的场所"应设置疏散照明。

问题【8.2.5】

问题描述：

是否所有的商铺均应设置应急照明？

原因分析：

图集《应急照明设计与安装》19D702—7 首次出版时，首层商业网点无论商铺面积大小，均设置疏散照明灯，让人误解为所有的商铺均应设置应急照明。之后，图集编写组对此内容进行过修正，将"首层商业网点"修改为"室内步行街两侧的商铺"。

应对措施：

1）《建筑设计防火规范》GB 50016—2014（2018 年版）第 10.3.1 条有关商铺设置应急照明的规定有：

（1）观众厅、展览厅、多功能厅和建筑面积大于 200m² 的营业厅、餐厅、演播室等人员密集的场所；

（2）建筑面积大于 100m² 的地下或半地下公共活动场所。

2）根据《消防应急照明和疏散指示系统技术标准》GB 51309—2018 第 3.2.5 条及"表 3.2.5"，室内步行街两侧的商铺应设应急疏散照明，地面水平最低照度不应低于 3lx。

3）需要注意的是，综合体或商业建筑的商业通道，应由建筑专业定性为商业中庭还是室内步行街。前者商铺按《建筑设计防火规范》第 10.3.1 条，设计即可。

4）室内步行街两侧的商铺，无论面积大小，均应设应急疏散照明，且不应低于 3lx。商铺面积大于 50m² 的还需设置疏散指示灯。灯具均采用 A 型灯具，采用集中控制型，做法参见图集《应急照明设计与安装》19D702—7。

问题【8.2.6】

问题描述：

人员密集场所的消防应急照明的地面最低水平照度不符合《建筑设计防火规范》GB 50016—2014（2018 年版）的规定。

原因分析：

主要原因在于设计人员对人员密集场所的认识不清，对涉及人员密集场所疏散相关路线不了解，导致相关消防应急照明的最低照度不能满足规范要求。

应对措施：

人员密集场所的界定可根据《中华人民共和国消防法》（2019 年修订版）第七十三条规定：

......

（三）公众聚集场所，是指宾馆、饭店、商场、集贸市场、客运车站候车室、客运码头候船厅、民用机场航站楼、体育场馆、会堂以及公共娱乐场所等。

（四）人员密集场所，是指公众聚集场所，医院的门诊楼、病房楼，学校的教学楼、图书馆、食堂和集体宿舍，养老院，福利院，托儿所，幼儿园，公共图书馆的阅览室，公共展览馆、博物馆的展示厅，劳动密集型企业的生产加工车间和员工集体宿舍，旅游、宗教活动场所等。

对于人员密集场所的界定，应以建筑专业定性为准。按《建筑设计防火规范》的要求，上述场所地面最低水平照度不应低于 3lx，其楼梯间、前室或合用前室、避难走道等不应低于 10lx。当人员密集场所在建筑上部时，其到达首层的相关疏散通道均应满足 10lx 的要求。疏散路线的确定也应以建筑专业为准。

问题【8.2.7】

问题描述：

小学教学楼的楼梯间、前室和合用前室，其疏散照明的地面水平最低照度按 5lx 设计。

原因分析：

设计人员因对人员密集场所定义不清晰，未将小学教学楼定义为人员密集场所。

应对措施：

根据《消防应急照明和疏散指示系统技术标准》GB 51309—2018，"表 3.2.5"规定，人员密集场所的楼梯间、前室或合用前室，其疏散照明的地面水平最低照度应为 10lx。

问题【8.2.8】

问题描述：

高区为酒店，低区为办公的高层建筑，合用疏散楼梯间的疏散照明地面最低水平照度为 5lx。

原因分析：

设计人员对规范的理解不够全面，未严格按照规范进行设计。

应对措施：

1）依据《建筑设计防火规范》GB 50016—2014（2018 年版）第 10.3.2 条，从人员密集场所到安全出口的所有疏散通道均应按人员密集场所设置，楼梯间疏散照度不应低于 10lx。

2）办公不属于人员密集场所，其专用楼梯间疏散照度不应低于 5lx。酒店属于人员密集场所，酒店办公合用疏散楼梯间的疏散照度不应低于 10lx。

问题【8.2.9】

问题描述：

建筑物的安全出口外面及附近区域、连廊的连接处两端未设置应急照明。

原因分析：

设计人对规范的理解不够全面，未严格按照规范进行设计。

应对措施：

根据《消防应急照明和疏散指示系统技术标准》GB 51309—2018 第 3.2.5 条，"表 3.2.5"中Ⅳ-6 的规定："建筑物的安全出口外面及附近区域、连廊的连接处两端，地面水平最低照度值不应低于 1.0lx。"设计时应与建筑专业核实哪些出口属于安全出口，部分项目有可能在不同层均设有安全出口。设计应在每个安全出口外设置应急照明灯。

问题【8.2.10】

问题描述：

战时的正常照明、应急照明没有与平时的正常照明、应急照明很好地衔接。

原因分析：

由于战时使用的需要，设计照明灯具较多，照度也比较高。战时人员掩蔽室、通道照度为75lx；而平时车库照度较低为30lx或50lx，不需要那么多灯具。平时应急照明可利用战时的应急照明，战时疏散通道照明的地面最低照度值不低于5lx，而平时疏散照明不低于3lx，其主要区别在于供电保证时间不一致，平时应急照明时间不小于60min，而战时应急照明时间应不小于3h。

应对措施：

1) 若人防地下室战时照明允许战前才安装，平时照明可按照平时需要设计，战前补充安装灯具以满足战时需要。

2) 若平战结合设计，可将战时照明的一部分作为平时的正常照明，回路分开控制，两者有机结合。

问题【8.2.11】

问题描述：

应急照明蓄电池持续工作时间未考虑非火灾状态灯具持续应急点亮时间。

原因分析：

设计人员对规范的理解不够全面，未严格按照规范进行设计。

应对措施：

在《消防应急照明和疏散指示系统技术标准》GB 51309—2018 第 3.2.4 条 1～4 款规定的设计时间基础上，增加非火灾状态灯具持续应急点亮时间，非火灾状态灯具持续应急点亮时间应符合第3.6.6 条第 1 款规定，不应超过 0.5 小时。

问题【8.2.12】

问题描述：

根据《消防应急照明和疏散指示系统技术标准》GB 51309—2018 第 3.2.9 条，方向标志灯的标志面与疏散方向垂直时，灯具的设置间距不应大于 20m；方向标志灯的标志面与疏散方向平行时，灯具的设置间距不应大于 10m。当方向标志灯的标志面与疏散方向平行时，灯具的设置间距是否可以大于 10m？

原因分析：

对新规范的理解有偏差。

应对措施：

在方向标志灯的标志面与疏散方向平行时，在对着疏散出口的方向上增设双面疏散指示灯，这样方向标志灯的标志面与疏散方向就垂直了，即可用按间距不大于 20m 设置灯具，如图 8.2.12 所示：

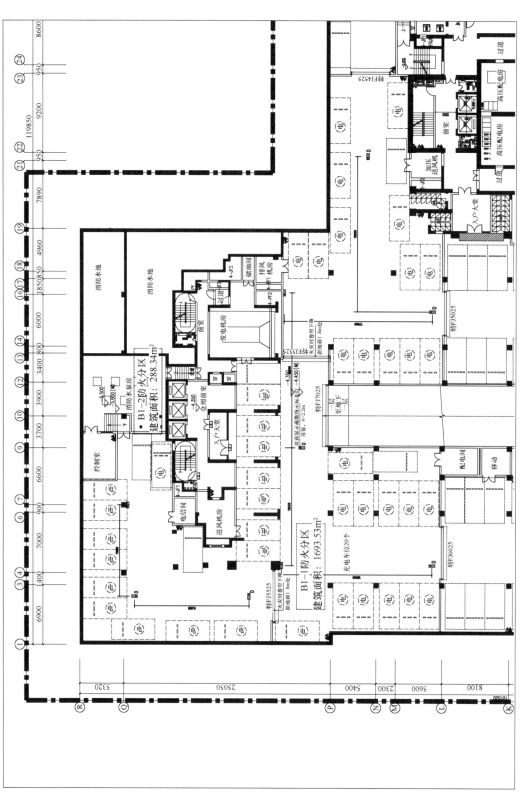

图 8.2.12 双面疏散指示灯设置示例

问题【8.2.13】

问题描述：

在有地下室的建筑中，经常出现地下或半地下部分与地上部分共用楼梯间的情况，这种楼梯间在首层采用防火隔墙和防火门将地下或半地下部分与地上部分的连通部位完全分隔，这样在首层就会出现一个楼梯间两个出入口，一个是从地下室出首层的出口，一个是从楼上下至首层的出口，从地下室出首层的出口处的外侧应设置明显的疏散指示标志。许多设计只设计了从地下室出首层的出口处内侧的疏散指示标志，而漏设该处外侧禁止入内的疏散指示标志，如图 8.2.13-1 所示。可能造成火灾时误入地下室的情况。

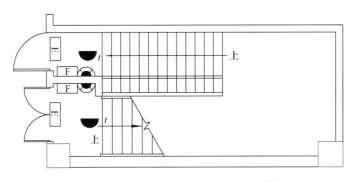

图 8.2.13-1　楼梯间外侧漏设禁止入内的疏散指示标志

原因分析：

设计人疏忽了规范《建筑设计防火规范》GB 50016—2014（2018 年版）第 6.4.4 条的要求：建筑的地下或半地下部分与地上部分不应共用楼梯间，确需共用楼梯间时，应在首层采用耐火极限不低于 2.00h 的防火隔墙和乙级防火门将地下或半地下部分与地上部分的连通部位完全分隔，并应设置明显的标志。

上述规定为强制性条文，必须认真执行。对于地上建筑，当疏散设施不能使用时，紧急情况下还可以通过阳台以及其他的外墙开口逃生，而地下建筑只能通过疏散楼梯垂直向上疏散。为避免建筑上部的疏散人员误入地下楼层，要求在首层楼梯间通向地下室、半地下室的入口处采用防火分隔构件将地上部分的疏散楼梯与地下、半地下部分的疏散楼梯分隔开，并设置明显的疏散指示标志。见图 8.2.13-2。

根据执行规范过程中出现的问题和火灾时的照明条件，设计要采用灯光疏散指示标志。

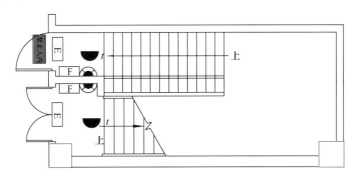

图 8.2.13-2　楼梯间外侧加设禁止入内的疏散指示标志

应对措施：

地下室出首层出口处的外侧应设置明显的灯光疏散指示标志，火灾时禁止一般人员进入。该标志的显示内容可以是"地下室"或"火灾禁止入内"等相关内容。

问题【8.2.14】

问题描述：

出口标志灯不区分"安全出口"和"疏散门"指示标志，所有疏散出口均设置"安全出口"标志灯。

原因分析：

1）安全出口是直通室外安全区域的出口，疏散门是供人员安全疏散用的楼梯间的出入口或直通室内安全区域的出口。为了便于人员准确识别安全出口、疏散门的位置，在进入安全出口、疏散门的部位应设置出口标志灯。观众厅、展览厅、多功能厅和建筑面积大于 $400m^2$ 的营业厅、餐厅、演播厅等人员密集场所疏散门是通向室内、外安全区域的必经出口，也属疏散出口范畴，其上方也应设置出口标志灯。

2）安全出口和疏散门上方设置的出口标志灯应有所区别，安全出口上方设置的标志灯的指示面板应有"安全出口"字样的文字标识，而疏散门上方设置的标志灯的指示面板不应有"安全出口"字样的文字标识。

应对措施：

应在图例中区分"安全出口"和"疏散门"指示标志灯，并结合建筑区分安全出口和疏散门，按照《消防应急照明和疏散指示系统技术标准》GB 51309—2018 第 3.2.8 条的部位设置。

问题【8.2.15】

问题描述：

要求在疏散走道和主要疏散路径的地面上增设能保持视觉连续的灯光疏散指示标志或蓄光疏散指示标志的建筑或场所，有些设计仅设置了常规的疏散指示而未增设地面疏散指示，而有些用地面疏散指示替代了常规的疏散指示。

原因分析：

《建筑设计防火规范》GB 50016—2014（2018 年版）第 10.3.6 条规定：

下列建筑或场所应在疏散走道和主要疏散路径的地面上增设能保持视觉连续的灯光疏散指示标志或蓄光疏散指示标志：

(1) 总建筑面积大于 $8000m^2$ 的展览建筑；

(2) 总建筑面积大于 $5000m^2$ 的地上商店；

(3) 总建筑面积大于 $500m^2$ 的地下或半地下商店；

(4) 歌舞娱乐放映游艺场所；

（5）座位数超过 1500 个的电影院、剧场，座位数超过 3000 个的体育馆、会堂或礼堂；

（6）车站、码头建筑和民用机场航站楼中建筑面积大于 3000m² 的候车、候船厅和航站楼的公共区。

上述规定为强制性条文，必须认真执行。要求展览建筑、商店、歌舞娱乐放映游艺场所、电影院、剧场和体育馆等大空间或人员密集场所的内部疏散走道和主要疏散路线在设置常规的疏散指示的基础上，地面上增设能保持视觉连续的疏散指示标志。

应注意该条文的要求是增设，属于辅助疏散指示标志，不能作为主要的疏散指示标志，也不能漏设。因为按上述规定设置了疏散指示标志，在火灾发生时，即使在烟雾弥漫、货架柜台遮挡视线的情况下，密集的人流仍能沿着发光疏散指示迅速顺利疏散，从而避免事故的发生。

同时也应注意，增设的是灯光疏散指示标志，蓄光疏散指示标志只能作为灯光疏散指示标志的补充。

应对措施：

在疏散走道和主要疏散路径上设置常规的疏散指示，同时地面上增设能保持视觉连续的灯光疏散指示标志，蓄光疏散指示标志可作为灯光疏散指示标志的补充。

问题【8.2.16】

问题描述：

消防应急照明灯具配电回路所带负载功率过大。

原因分析：

依据《消防应急照明和疏散指示系统技术标准》GB 51309—2018 第 3.3.6 条规定：任一配电回路的额定功率、额定电流应符合下列规定：

（1）配接灯具的额定功率总和不应大于配电回路额定功率的 80%；

（2）A 型灯具配电回路的额定电流不应大于 6A；B 型灯具配电回路的额定电流不应大于 10A。

以额定电压 DC36V 的 A 型灯具为例，任一配电回路配接灯具的总额定功率为 $P=0.8UI=0.8\times36\times6=172.8W$，因此任一配电回路配接灯具的总额定功率最大不能超过 170W。

应对措施：

消防应急照明灯具配电回路应结合额定电压 36V 或 24V 以确定配接灯具的最大功率。若灯具较多时，应分回路设置，此时需符合 GB 51309 第 3.3.7.4、3.3.8.4 条对输出回路的规定。

问题【8.2.17】

问题描述：

需要借用相邻防火分区疏散的防火分区，疏散照明的设置问题。

原因分析：

根据《建筑设计防火规范》GB 50016—2014（2018 年版）第 10.3 条的要求，以及根据《消防

8

应急照明和疏散指示系统技术标准》GB 51309—2018 第 3.6.11 条的要求，设置疏散出口标志灯时，对于需要借用相邻防火分区疏散的防火分区，疏散照明应如何设置？

应对措施：

1）应与建筑专业明确借用相邻防火分区疏散的疏散出口位置，如图 8.2.17-1 所示：

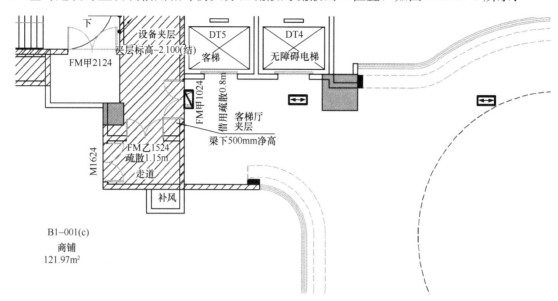

图 8.2.17-1　借用相邻防火分区疏散的出口标志灯示意（一）

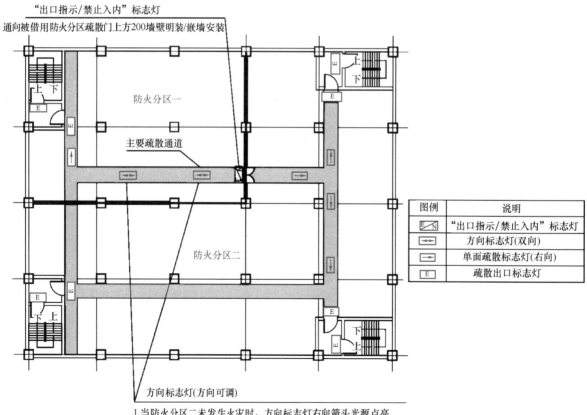

1.当防火分区二未发生火灾时，方向标志灯右向箭头光源点亮。
2.当防火分区二发生火灾时，方向标志灯右向箭头 光源熄灭，左向箭头光源点亮。

图 8.2.17-2　借用相邻防火分区疏散的出口标志灯示意（二）

2）对于防火分区一需要借用相邻防火分区二疏散，应在防火分区一通向防火分区二甲级防火门的上方设置"出口指示/禁止入内"标志灯。

3）防火分区一通向相邻防火分区二的主要疏散通道上的方向标志灯应采用可调方向的标志灯，在被借用防火分区二未发生火灾时，可以按预设的通向被借用防火分区的甲级防火门疏散，此时该门上方设置的"出口指示"标志的光源应处于点亮状态；当防火分区二发生火灾时，应急照明控制器接收到防火分区二的火灾报警信号后，按对应的疏散指示方案，控制防火分区一主要疏散通道上需要改变指示方向的方向标志灯，改变箭头指示方向，通向防火分区二的门上方设置的"出口指示"标志的光源应熄灭，"禁止入内"的光源应点亮。

4）具体画法可参考图集《应急照明设计与安装》19D702—7 第 41 页，如图 8.2.17-2 所示。

问题【8.2.18】

问题描述：

避难层（间）、消防控制室、消防水泵房、自备发电机房、配电室以及发生火灾时仍需正常工作的区域没有设置疏散照明和疏散指示标志。

原因分析：

有的设计师认为避难层（间）、消防控制室、消防水泵房、自备发电机房、配电室、防排烟机房以及发生火灾时仍需正常工作、值守的区域已设置了不低于正常照明照度的备用照明，就不需再设置疏散照明和疏散指示标志。

应对措施：

根据《消防应急照明和疏散指示系统技术标准》GB 51309—2018 第 3.8.1 条："避难层（间）、消防控制室、消防水泵房、自备发电机房、配电室以及发生火灾时仍需正常工作、值守的区域应同时设置备用照明、疏散照明和疏散指示标志。"

问题【8.2.19】

问题描述

地下车库在柱子上布置疏散指示灯具时没核对给水排水专业在柱子上设有消火栓箱，如图8.2.19 所示。现场施工安装疏散指示灯时才发现无法安装，需要重新敷设导管，应引起重视。

原因分析：

设计人员设计应急照明时未核对水专业消火栓位置。

应对措施：

地下车库在柱子上布置疏散指示灯具时应核对给水排水专业在柱子上的消火栓箱位置，避免冲突。

8

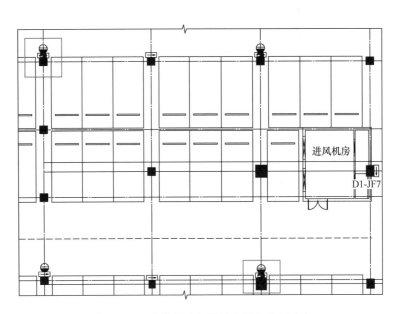

图 8.2.19 疏散指示灯具消火栓箱位置冲突

问题【8.2.20】

问题描述：

备用照明需要采用蓄电池供电吗?

原因分析：

1) 《消防应急照明和疏散指示系统技术标准》GB 51309—2018 国家标准编制组文件"关于 GB 51309中备用照明设计的说明"中"不能用蓄电池组供电"是针对消防备用照明来说的。消防备用照明是为保证避难间（层）及配电室、消防控制室、消防水泵房、自备发电机房以及火灾时仍需工作、值守的区域等场所的正常活动、作业的应急照明，其照度应与正常照明的照度相同，并且应保证供电可靠性，消防备用照明可以与正常照明兼用相同的灯具。消防备用照明可采用主电源（市政电源）和备用电源切换后供电，备用电源可以是市政电源或柴油发电机组或蓄电池电源。

2) 根据《民用建筑电气设计标准》GB 51348—2019 第 10.4.10 条第 3 款，用作备用照明电源装置时，不应大于 5s；金融、商业交易场所不应大于 1.5s。

应对措施：

1. 消防备用照明不需要采用蓄电池供电。

2. 非消防备用照明不同情况不同需求。

1) PC 级双电源自动转换开关转换时间约为 150ms，CB 级转换时间约为 1.5s。市电的双重电源供电为热备用。若项目的备用照明的电源采用市电的双重电源供电，且双电源自动转换开关转换时间满足相关场所的允许断电时间，备用照明不需设置蓄电池。

2) 若备用照明的电源采用柴油发电机组，考虑到柴油发电机组启动时间（10～60s）大于有关场所的允许断电时间，备用照明的灯具应采用自带蓄电池组的灯具。

8

问题【8.2.21】

问题描述：

住宅强弱电井内是否需要设置火灾备用照明。

原因分析：

设计人员对规范中涉及安全的要求理解不够深入。

应对措施：

住宅强弱电井不属于应设置火灾备用照明的范畴，故可不做备用照明。但应设置检修照明，可由走廊照明回路供电。

8.3　火灾自动报警系统

问题【8.3.1】

问题描述：

社区活动中心，只有局部一、二层有房间标明为"老年人活动室"，是否需要设置火灾自动报警系统？参照《建筑设计防火规范》GB 50016—2014（2018 年版）第 8.4.1 条。

原因分析：

设计人员对火灾自动报警系统设置场所不明确。

应对措施：

1）是否需要设置火灾自动报警系统视社区活动中心或其所在建筑的建筑类别而定。

2）对于单独设置的多层社区活动中心部分房间标注为"老年人活动室"，因其建筑性质不属于老年人照料设施，不需要设置火灾自动报警系统。

3）对于《建筑设计防火规范》GB 50016—2014（2018 年版）第 8.4.1 条第 11、12 款及第 8.4.2 条规定的高层住宅内的社区活动中心，其"老年人活动室"，均需要设置火灾自动报警系统。

问题【8.3.2】

问题描述：

当一、二类高层住宅建筑塔楼公共部位按规范需设置火灾自动报警系统时，住宅塔楼的商业服务网点、配套用房等是否均需设置火灾自动报警系统？

原因分析：

对住宅塔楼及配套用房火灾自动报警系统设置原则不清晰。

8

应对措施：

住宅塔楼的商业服务网点、配套用房火灾危险性大过《建筑设计防火规范》GB 50016—2014（2018 年版）第 8.4.2 条住宅的公共部位，因此需要设置火灾自动报警系统。

问题【8.3.3】

问题描述：

除规范规定的设置场所外，还有哪些场所需设置火灾自动报警系统？

原因分析：

除规范明确规定的设置场所外，设计师就其他场所是否设置火灾自动报警系统，容易与发展商、审图/咨询专家发生分歧。

应对措施：

1）按照《建筑防火设计规范》GB 50016—2014（2018 年版）第 8.4.1 条第 11 款与 13 款规定：

11　二类高层公共建筑内建筑面积大于 50㎡ 的可燃物品库房和建筑面积大于 500㎡ 的营业厅。

13　设置机械排烟、防烟系统、雨淋或预作用自动喷水灭火系统、固定消防水炮灭火系统、气体灭火系统等需与火灾自动报警系统联锁动作的场所或部位。

2）按照《建筑防火设计规范》GB 50016—2014（2018 年版）第 8.4.2 条，建筑高度大于 100m 的住宅建筑，应设置火灾自动报警系统。建筑高度大于 54m 但不大于 100m 的住宅建筑，其公共部位应设置火灾自动报警系统，套内宜设置火灾探测器。建筑高度不大于 54m 的高层住宅建筑，其公共部位宜设置火灾自动报警系统。当设置需联动控制的消防设施时，公共部位应设置火灾自动报警系统。高层住宅建筑的公共部位应设置具有语音功能的火灾声警报装置或应急广播。

3）根据深圳市经济发展情况，民用建筑中以下场所火灾自动报警系统设置建议：

3.1　二类高层建筑中旅馆的客房及其公共活动用房、住宅小区中配套的居家养老房屋用房应设置火灾自动报警系统。

3.2　建筑高度大于 54m 的住宅建筑，其套内建议设置火灾探测器。

问题【8.3.4】

问题描述：

火灾自动报警系统是否指包含火灾探测器、手动火灾报警按钮、火灾声光报警器、消防应急广播、消防专用电话、消防控制室图形显示装置、火灾报警控制器、消防联动控制器等完整的系统？还是可由其中一部分组成或是火灾自动报警系统的子系统［参看《建筑设计防火规范》GB 50016—2014（2018 年版）第 8.4.1 条］?

原因分析：

设计人员对火灾自动报警系统组成与系统形式的关系不清楚。

8

应对措施：

1）火灾自动报警系统指探测火灾早期特征、发出火灾报警信号，为人员疏散、防止火灾蔓延和启动自动灭火设备提供控制与指示的消防系统（参看《火灾自动报警系统设计规范》GB 50116—2010 第 2.0.1 条）。

2）火灾自动报警系统应设有自动和手动两种触发装置（参看《火灾自动报警系统设计规范》GB 50116—2010 第 3.1.2 条）。

3）根据建筑类别和性质的不同而设置的火灾自动报警系统，按照其组成的子系统的不同分成区域报警系统、集中报警系统、控制中心报警系统。三种系统的定义见《火灾自动报警系统设计规范》GB 50116—2010 第 3.2.1 条。每个系统所包含的子系统见该规范第 3.2.2、第 3.2.3、第 3.2.4 条。

问题【8.3.5】

问题描述：

建筑内主体部位按规范不需设置报警系统，仅局部设置气体灭火系统，或局部设置有机械排烟设施，或局部设置防护卷帘/常开防火门，这种情况下是否需要在整个建筑物内设置集中报警系统，或者仅局部设置火灾探测器直接联动设备。

原因分析：

对火灾自动报警系统形式选择原则不清楚。

应对措施：

按《建筑设计防火规范》GB 50016—2014（2018 年版）第 8.4.1 条第 13 款，设置机械排烟、防烟系统、雨淋或预作用自动喷水灭火系统、固定消防水炮灭火系统等需与火灾自动报警系统联锁动作的场所或部位，属于需要设置火灾自动报警系统的场所。问题中需要联动设备服务的防火分区等均应按需设置火灾自动报警系统，系统形式根据《火灾自动报警系统设计规范》GB 50116—2013 选定。

问题【8.3.6】

问题描述：

区域型火灾自动报警系统如何控制消防机械排烟、防烟风机？

原因分析：

对火灾自动报警系统形式设计选择与联动控制的关系不清楚。

应对措施：

按照《火灾自动报警系统设计规范》GB 50116—2013 第 3.2.1 条，火灾自动报警系统形式的选择，应符合下列规定：

1）前期设置区域型火灾自动报警系统的项目，如后期增加了消防机械排烟、防烟风机，项目的区域报警系统应升级成系统集中报警系统或控制中心报警系统。采用火灾报警控制器控制输出点直接控制相关场所或部位的消防机械排烟、防烟风机或自动排烟窗，并在火灾报警控制器上的手动

8

直接控制按键上（或附近）设置明显标识。

2）仅需要报警，不需要联动自动消防设备的保护对象宜采用区域报警系统。

3）不仅需要报警，同时需要联动自动消防设备，且只设置一台具有集中控制功能的火灾报警控制器和消防联动控制器的保护对象，应采用集中报警系统，并应设置一个消防控制室。

4）设置两个及以上消防控制室的保护对象，或已设置两个及以上集中报警系统的保护对象，应采用控制中心报警系统。在有需要联动控制消防机械排烟、防烟风机的建筑内设计应选择集中报警系统或控制中心报警系统。

问题【8.3.7】

问题描述：

分期建设的工程，火灾自动报警系统采用集中报警控制系统。

原因分析：

一个地块不同分期可能由不同设计单位完成设计任务，不同分期设计师不清楚其他分期或地块的具体设计情况，按照独立项目考虑；忽略了因分期建设带来的诸多不确定因素，如火灾报警系统的供货商不同、系统容量等。

应对措施：

1）根据《火灾自动报警系统设计规范》GB 50116—2013 第 3.2.1 条及条文解释：在分期建设的工程中可能由于分期建设而采用了不同企业的产品或同一企业不同系列的产品，或由于系统容量限制而设置了多个起集中作用的火灾报警控制器等情况，这些情况下均应选择控制中心报警系统。

2）但是不是所有分期建设的项目都应采用控制中心报警系统，如果整个项目有针对火灾报警系统设计、选型的统筹约束文件，且系统容量不大时，从经济角度及运维角度考虑采用集中报警系统也是可行的。

问题【8.3.8】

问题描述：

设置火灾自动报警系统的建筑，当建筑内仅设置消火栓泵或设置普通电梯时，是否可按区域报警系统进行设计。

原因分析：

对不同报警系统组成原则不清晰。

应对措施：

按《火灾自动报警系统设计规范》GB 50116—2013 第 3.2 条，系统形式的选择和设计要求，建筑内设置有需要联动的消火栓泵时不能按区域报警系统设计，需按集中报警系统设计。建筑内只设有普通电梯，无其他需要消防联动的设备时可按区域报警系统设计。

8

问题【8.3.9】

问题描述:

如该建筑物有四层地下室,新建的消防控制室可否设在地下二层?

原因分析:

开发商为提高可售面积和物业销售价值,要求将设备房布置在地下层,让出一层、地下一层高价值位置作商业。

应对措施:

按照《建筑设计防火规范》GB 50016—2014(2018年版)第8.1.7条,设置火灾自动报警系统和需要联动控制消防设备的建筑(群)应设置消防控制室。消防控制室的设置应符合下列规定:

1)单独建造的消防控制室,其耐火等级不应低于二级。

2)布置在靠外墙部位。

3)不应设置在电磁场干扰较强及其他可能影响消防控制设备正常工作的房间附近。

4)疏散门应直通室外或安全出口。

5)消防控制室内的设备构成及其对建筑消防设施的控制与显示功能以及向远程监控系统传输相关信息的功能,应符合现行国家标准《火灾自动报警系统设计规范》GB 50116—2013和《消防控制室通用技术要求》GB 25506—2010的规定。因此,新建的消防控制室宜设置在地面一层或直通下沉式广场等室外开敞空间,并应满足当地消防主管部门的设置位置要求。消防控制室面积应满足使用要求。

问题【8.3.10】

问题描述:

如何理解消防控制室不应设置在电磁场干扰较强及其他可能影响消防控制室设备正常工作的房间附近[参看《建筑设计防火规范》GB 50016—2014(2018年版)第8.1.7条]。

原因分析:

设计人员在执行本条过程中易与项目相关各方有分歧,并且影响建筑提资。

应对措施:

1)电磁场干扰较强的房间是指:变压器室、高低压配电房、发电机房、大电流封闭母线及电缆穿越的房间等。

2)其他可能影响消防控制室设备正常工作的房间是指:锅炉房、空调主机房、水泵房等大型机房及可能造成漏水隐患的房间。

3)附近是指消防控制室的正上方、正下方或相贴邻。

问题【8.3.11】

问题描述：

消防控制室上方为厨房，采用双层板隔离是否可行？

原因分析：

水患对消防控制室的影响及处理方式，建筑提资对电气专业不了解。

应对措施：

1）按《火灾自动报警系统设计规范》GB 50116—2013 第 3.4.7 条，消防控制室不应设置在电磁场干扰较强及其他影响消防控制室设备工作的设备用房附近。

2）消防控制室尽量不设在厨房下方。当无法避免需设置在厨房的下方时，需在中间设置夹层，该夹层应采取可靠防水、排水措施，并且可方便察看、维护。

问题【8.3.12】

问题描述：

消防控制室入口处应设明显标志。

原因分析：

新旧版本规范要求有调整。

应对措施：

此条为《火灾自动报警系统设计规范》GB 50116—1998 版的要求，《火灾自动报警系统设计规范》GB 50116—2013 版无此要求。

问题【8.3.13】

问题描述：

消防控制室直接开向室外或室外平台的疏散门是否必须采用防火门？

原因分析：

规范未明确规定，影响建筑提资及成本造价。

应对措施：

1）按照《建筑防火设计规范》GB 50016—2014（2018 年版）第 6.2.7 条，附设在建筑内的消防控制室、灭火设备室、消防水泵房和通风空气调节机房、变配电室等，应采用耐火极限不低于 2.00h 的防火隔墙和 1.50h 的楼板与其他部位分隔。

2）设置在丁、戊类厂房内的通风机房，应采用耐火极限不低于 1.00h 的防火隔墙和 0.50h 的楼板与其他部位分隔。

3）通风、空气调节机房和变配电室开向建筑内的门应采用甲级防火门，消防控制室和其他设备房开向建筑内的门应采用乙级防火门。

4）《建筑防火设计规范》图示 13J811—1 中"8.1.7"图示 2 和图示 3，当消防控制室通向疏散走道时，开向走道的门需采用乙级防火门。当消防控制室直通室外或室外平台时该门可采用普通门。

5）按照《民用建筑电气设计标准》GB 51348—2019 第 23.4.2.1 条附表 23.4.2 中要求，消防控制室采用外开双扇甲级防火门 1.5m 或 1.2m。

问题【8.3.14】

问题描述：

消防控制室未采用防水淹的技术措施。

原因分析：

设计人员未注意规范中涉及消防控制室防水淹的要求，设计未做到位。

应对措施：

根据《建筑防火设计规范》GB 50016—2014（2018 年版）第 8.1.8 条规定，"消防水泵房和消控室应采取防水淹的技术措施。"具体做法和要求如图 8.3.14 所示：

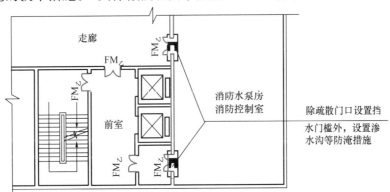

设在建筑地下的消防水泵房或消防控制室

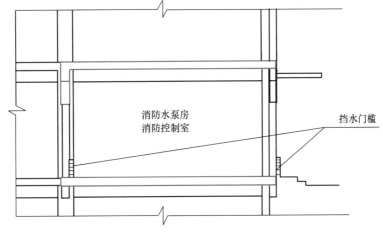

设在建筑首层的消防水泵房或消防控制室

图 8.3.14　防水淹做法

8

问题【8.3.15】

问题描述：

当一个建筑工程中有两个单位独立使用，但共用地下层，是否可分别设置两个独立的消防控制室（不设置消防主控制室），两个控制室间需设置哪些功能？

原因分析：

由于管理权属不同，希望设置独立消防控制室，但对于两个以上消防控制室关系及管理权属不清晰。

应对措施：

首先建筑工程中可根据使用单位设置独立的消防控制室，即使共用地下室，但设置两个以上的消防控制室时，根据《火灾自动报警系统设计规范》GB 50116—2013 第 3.2.4 条，控制中心报警系统的设计，应符合下列规定：

1）有两个及以上消防控制室时，应确定一个主消防控制室。

2）主消防控制室应能显示所有火灾报警信号和联动控制状态信号，并应能控制重要的消防设备；各分消防控制室内消防设备之间可互相传输、显示状态信息，但不应互相控制。

3）系统设置的消防控制室图形显示装置应具有传输本规范附录 A 和附录 B 规定的有关信息的功能。

4）其他设计应符合本规范第 3.2.3 条的规定。

可知此种情况下必须设置一个主控制室。分控制室除显示自己使用部分的火灾报警信号和联动控制状态信号外，可控制除共用的消防水泵等重要设备外的其他自身单位使用的消防设备，并能显示其他单位火灾报警信号及重要消防设备状态信号等。

问题【8.3.16】

问题描述：

幼儿园是否需设单独的消防控制室？

原因分析：

独立占地建筑的消防控制室设置原则与管理权属、运维成本等之间的矛盾。

应对措施：

1）根据《火灾自动报警系统设计规范》GB 50116—2013 第 3.4.1 条，具有消防联动功能的火灾自动报警系统的保护对象中应设置消防控制室。当幼儿园有消防风机、消防水泵等需要联动控制的设备时可单独设置消防控制室（可与保安室合用），也可与整个项目合用一个消防控制室，视管理的需要。

2）幼儿园没有消防联动设备时可根据管理权属的不同，采用单独设置区域报警控制器或直接接入整个项目的火灾自动报警系统。

问题【8.3.17】

问题描述：

消防监控室设备布置不当，或者设备考虑不齐全，无法按图施工。

原因分析：

1）对消防、安防系统的规范要求、机房设备需求不熟悉。

2）消防控制室面积偏小，相关设备（如水炮控制琴台、可燃气体探测报警机柜等）考虑不齐全。

应对措施：

1）大多数情况下，设计会采用消防控制室与安防控制室合用方案。依据现行《建筑工程设计文件编制深度规定》（2016 年版）第 3.6.3 条，应布置消防控制室设备平面图，布置智能化各系统及其子系统主机房布置平面示意图。

2）消防控制室设备布置，应符合《火灾自动报警系统设计规范》GB 50116—2013 第 3.4.8 条要求：

（1）设备面盘前的操作距离，单列布置时不应小于 1.5m；双列布置时不应小于 2m。

（2）在值班人员经常工作的一面，设备面盘至墙的距离不应小于 3m。

（3）设备面盘后的维修距离不宜小于 1m。

（4）设备面盘的排列长度大于 4m 时，其两端应设置宽度不小于 1m 的通道。

（5）与建筑其他弱电系统合用的消防控制室内，消防设备应集中设置，并应与其他设备间有明显间隔。

3）安防监控中心设备布置，应符合《安全防范工程技术标准》GB 50348—2018 第 6.14.4 条的规定：

6 控制台正面与墙的净距离不应小于 1.2m，侧面与墙或其他设备的净距离，在主要走道不应小于 1.5m，在次要走道不应小于 0.8m。

7 机架背面和侧面与墙的净距离不应小于 0.8m。

4）大多数情况下，设计会采用消防控制室与安防控制室合用方案，需统筹消防、安防系统的需求。合理划分消防、安防设备区域，满足规范要求。

5）梳理项目所有消防、安防等设备，总体规划。

6）对于有多种安装方式的设备，根据项目需求采用琴台柜安装或标准机柜安装。设备较多时，建议优先采用标准机柜安装。

（1）消防控制琴台（图形显示装置、消防电话、火灾应急广播控制盘、小项目的消防联动器）、水炮控制琴台。

（2）消防机柜（火灾自动报警控制器、消防联动器、手动控制盘、应急广播设备、电气火灾监控、消防电源监控、防火门监控）、燃气报警机柜。

（3）壁装消防设备：电梯监控；小项目的电气火灾监控、消防电源监控、防火门监控。

（4）智能化设备：监视墙、安防控制台（视频监控、停车管理、出入口控制、访客对讲、无线对讲、电子巡更等）、安防机柜。

（5）电力设备：壁装消防配电箱、安防配电箱；落地消防 UPS、安防 UPS。

8

问题【8.3.18】

问题描述：

火灾报警控制器之间通信采用什么方式为宜？

原因分析：

多消防控制室或消防报警控制器的情况下，需要实现多控制器之间通信，并预留管路条件。

应对措施：

1）按《消防控制室通用技术要求》GB 25506—2010 第 3.4 条，具有两个或两个以上消防控制室时，应确定主消防控制室和分消防控制室。主消防控制室的消防设备应对系统内共用的消防设备进行控制，并显示其状态信息；主消防控制室内的消防设备应能显示各分消防控制室内消防设备的状态信息，并可对分消防控制室内的消防设备及其控制的消防系统和设备进行控制；各分消防控制室之间的消防设备之间可以互相传输、显示状态信息，但不应互相控制。

2）火灾报警控制器之间通信根据控制器之间的距离采用通信总线或光纤环形组网，当环形线路中出现一点断开或故障时，整个系统仍旧可以正常运行。

问题【8.3.19】

问题描述：

消防控制室设置位置离消防水泵房距离太远，不满足《消防给水及消火栓系统技术规范》GB 50974—2014 第 11.0.3 及 11.0.12 条的要求。

原因分析：

根据《消防给水及消火栓系统技术规范》GB 50974—2014 第 11.0.3 及 11.0.12 条要求，消防水泵需在接收启泵信号后 2min 内完成启动，并将启动信号传到消防控制室。机械应急启动时，消防水泵需在报警后 5min 内启动，即在报警 2min 内未收到消防泵启动信号后，消防人员需要在 3min 内赶到消防水泵房，手动机械应急启动消防泵。因项目首层面积紧张等原因，设计师在提资消防控制室位置时往往容易忽略此问题。

应对措施：

需与建筑配合并测量消防控制室到消防水泵房步行距离，按不超过 200m 提资（成年人步行速度按 4～4.5km/h 计算）。

问题【8.3.20】

问题描述：

消防稳压泵、室外消防水泵是否需要在消防控制室设置手动直接控制装置？

原因分析：

对需要设置手动直接控制装置的设备存在疑问。

应对措施：

1) 按照《火灾自动报警系统设计规范》GB 50116—2013 第 4.1.4 条，消防水泵、防烟和排烟风机的控制设备，除应采用联动控制方式外，还应在消防控制室设置手动直接控制装置。

2) 消防稳压泵属于消防水泵系统的一部分，非火灾时工作保证管网内消防水压力。火灾确认后消防泵启动，稳压泵停止工作，因此稳压泵不需在消防控制室设置手动直接控制装置。

3) 室外消防水泵应在消防控制室设置手动直接控制装置。

问题【8.3.21】

问题描述：

未设置火灾自动报警系统的建筑内设有防火卷帘时，如何控制该卷帘？

原因分析：

没有系统联动控制某消防设备时，不清楚该设备如何动作。

应对措施：

防火卷帘控制箱可外接感烟火灾探测器、感温火灾探测器。当建筑物内没有设置火灾自动报警系统时，应在防火卷帘两侧设置火灾探测器，联动控制防火卷帘动作。

问题【8.3.22】

问题描述：

消防疏散通道门禁、涉及疏散的电动栅杆、庭院电动大门、停车场出入口挡杆未做相关的消防联动控制设计。

原因分析：

1) 火灾发生时需要联动解除的门禁范围不清晰，解除方式不明确，设计应明确以便制定联动解除方案。

2) 在机电施工图设计阶段，智能化、园林设计可能滞后，没有相关技术条件提交电气专业。

应对措施：

1) 按《火灾自动报警系统设计规范》GB 50116—2013 第 4.10.2 条，消防联动控制器应具有自动打开涉及疏散的电动栅杆等的功能，宜开启相关区域安全技术防范系统的摄像机监视火灾现场。

2) 按《火灾自动报警系统设计规范》GB 50116—2013 第 4.10.3 条，消防联动控制器应具有打开疏散通道上由门禁系统控制的门和庭院电动大门的功能，并应具有打开停车场出入口挡杆的功能。

8

3）火灾发生后，为便于火灾现场及周边人员逃生，有必要打开疏散通道上由门禁系统控制的门和庭院的电动大门，并及时打开停车场出入口的挡杆，以便于人员的疏散，火灾救援人员和装备进出火灾现场。

4）设计火灾自动报警系统时，应主动与业主、智能化、园林专业等配合，按规范完成设计。如果缺乏相关技术条件，建议说明后续增设的消防疏散通道门禁、涉及疏散的电动栅杆、庭院电动大门、停车场出入口挡杆应接受火灾自动报警系统联动控制，火灾确认后强制开启。

问题【8.3.23】

问题描述：

未设置火灾自动报警系统，但设置了消火栓的建筑，是否可不设置消火栓按钮直接启泵并启动火灾声光警报器？（参看《火灾自动报警系统设计规范》GB 50116—2013 第 4.3.1 条）

原因分析：

对不同情形下消防泵启泵方式理解不清晰。

应对措施：

按《火灾自动报警系统设计规范》GB 50116—2013 第 4.3.1 条的条文说明，需设置消火栓按钮直接启泵，宜设置火灾声光警报器提醒人员疏散：

4.3.1　消火栓使用时，系统内出水干管上的低压压力开关、高位消防水箱出水管上设置的流量开关，或报警阀压力开关等均有相应的反应，这些信号可以作为触发信号，直接控制启动消火栓泵，可以不受消防联动控制器处于自动或手动状态的影响。当建筑物内设有火灾自动报警系统时，消火栓按钮的动作信号作为火灾报警系统和消火栓系统的联动触发信号，由消防联动控制器联动控制消防泵启动，消防泵的动作信号作为系统的联动反馈信号应反馈至消防控制室，并在消防联动控制器上显示。消火栓按钮经联动控制器启动消防泵的优点是减少布线量和线缆使用量，提高整个消火栓系统的可靠性。消火栓按钮与手动火灾报警按钮的使用目的不同，不能互相替代。稳高压系统中，虽然不需要消火栓按钮启动消防泵，但消火栓按钮给出的使用消火栓位置的报警信息是十分必要的，因此稳高压系统中，消火栓按钮也是不能省略的。

当建筑物内无火灾自动报警系统时，消火栓按钮用导线直接引至消防泵控制箱（柜），启动消防泵。

问题【8.3.24】

问题描述：

《火灾自动报警系统设计规范》GB 50116—2013 第 6.1.4 条，集中报警系统和控制中心报警系统中的区域火灾报警控制器，设置在无人值班场所的条件之一是本区域内无须手动控制消防联动设备，此处消防联动设备指哪些设备？

原因分析：

对该条规范本意不理解。

应对措施：

此条规范可理解为：集中报警系统和控制中心报警系统中的区域报警控制器，其手动控制功能由消防控制室完成，不需要本地控制。本区域的消防联动控制功能由区域报警控制器完成。

问题【8.3.25】

问题描述：

超过 100m 的建筑，设置在避难层的火灾报警控制器跨越避难层配线。

原因分析：

违反《火灾自动报警系统设计规范》GB 50116—2013 第 3.1.7 条规定，除消防控制室内设置的控制器外，每台控制器直接控制的设备不应跨越避难层。

应对措施：

参见《火灾自动报警系统设计规范》图示 14X505—1 第 13 页，在现场设置的火灾报警控制器应分区控制，所连接的火灾探测器、手动报警按钮和模块等设备不应跨越火灾报警控制器所在区域的避难层，或者采用消防控制室内设置的控制器配线。

问题【8.3.26】

问题描述：

柴油发电机房、水泵房采用感温探测器保护是否合理？

原因分析：

火灾报警探测器选择问题。

应对措施：

《火力发电厂与变电所设计防火标准》GB 50229—2019 "续表 7.1.7" 中，柴油发电机房采用感烟探测器，以往柴油发电机房采用气体灭火一般是采用感烟加感温探测器组合；水泵房火源及着火材料一般为配电箱、线缆等，为及早发现火灾，应采用感烟探测器。

问题【8.3.27】

问题描述：

在吊顶不明确情况下火灾探测器如何布置？

原因分析：

在施工图设计阶段装修设计可能滞后，无法确定是否吊顶以及吊顶镂空比例，从而无法确定火灾探测器布置方案。

8

应对措施：

1）按照《火灾自动报警系统设计规范》GB 50116—2013 第 6.2.18 条，感烟火灾探测器在格栅吊顶场所的设置，应符合下列规定：

> 1 镂空面积与总面积的比例不大于 15% 时，探测器应设置在吊顶下方。
> 2 镂空面积与总面积的比例大于 30% 时，探测器应设置在吊顶上方。
> 3 镂空面积与总面积的比例为 15%～30% 时，探测器的设置部位应根据实际试验结果确定。

2）设计时应尽量与业主和建筑、装修专业沟通，并结合类似项目经验初步确定项目各区域是否设置吊顶，设置吊顶的镂空比例，从而初步确定火灾探测器的布置。

3）火灾探测器设于吊顶上方时，应考虑梁高的影响。探测器设置在吊顶上方且火警确认灯无法观察时，应在吊顶下方设置火警确认灯。

4）补充说明火灾探测器设置前提条件（吊顶镂空比例），若吊顶镂空比例有变化，则应按规范调整火灾探测器位置和数量。避免后期变动导致的设计责任。

5）深圳地区项目采用毛坯验收的区域，建议考虑梁高因素来布置探测口，确保消防验收顺利通过。

问题【8.3.28】

问题描述：

手动火灾报警按钮与消火栓报警按钮成对布置。

原因分析：

1）设计师没有领会《火灾自动报警系统设计规范》GB 50116—2013 对手动火灾报警按钮的设置要求。

2）设计周期太短，设计师不愿按《火灾自动报警系统设计规范》GB 50116—2013 设置手动火灾报警按钮。

应对措施：

1）按照《火灾自动报警系统设计规范》GB 50116—2013 第 6.3.1 条：每个防火分区应至少设置一只手动火灾报警按钮。从一个防火分区内的任何位置到最邻近的手动火灾报警按钮的步行距离不应大于 30m。手动火灾报警按钮宜设置在疏散通道或出入口处。列车上设置的手动火灾报警按钮，应设置在每节车厢的出入口和中间部位。

2）设计时，提资给水排水专业，明确消火栓报警按钮设于消火栓内。按规范要求，在疏散通道或出入口处设置手动火灾报警按钮。各就其位，各司其职。

问题【8.3.29】

问题描述：

没有在住宅建筑物首层主出入口处设置用于直接启动火灾声警报器的手动火灾报警按钮。

原因分析：

《火灾自动报警系统设计规范》GB 50116—2013 第 7.5.2 条：每台警报器覆盖的楼层不应超过 3 层，且首层明显部位应设置用于直接启动火灾声警报器的手动火灾报警按钮。首层明显部位设置的手动火灾报警按钮，主要目的是方便室外人员发现住宅失火后快速报警，提高疏散速度。部分设计师没有领会到规范意图。

应对措施：

施工图设计中，应执行规范要求，在首层主出入口处设置用于直接启动火灾声警报器的手动火灾报警按钮。有条件的情况下，建议设于对讲大门外侧。

问题【8.3.30】

问题描述：

住宅/高层建筑火灾显示盘如何设置为宜?

原因分析：

规范无明示条文，住宅设计中易遗漏该设备。

应对措施：

1）按照《建筑设计防火规范》GB 50016—2014（2018 年版）第 6.4.1 条，每个报警区域宜设置一台区域显示器（火灾显示盘）；宾馆、饭店等场所应在每个报警区域设置一台区域显示器。当一个报警区域包括多个楼层时，宜在每个楼层设置一台仅显示本楼层的区域显示器。

2）按照《建筑设计防火规范》GB 50016—2014（2018 年版）第 6.4.2 条，区域显示器应设置在出入口等明显和便于操作的部位。当采用壁挂方式安装时，其底边距地高度宜为 1.3~1.5m。

3）因此设置火灾自动报警系统的住宅建筑，每个单元应至少设置一个区域显示器，区域显示器宜设置在建筑首层消防电梯前室消防队员方便看到的地方，同时尽量减少对建筑美观的影响。

问题【8.3.31】

问题描述：

地下车库是否需要设置火灾显示盘?

原因分析：

对车库火灾显示盘设置要求理解不清晰。

应对措施：

1）根据《火灾自动报警系统设计规范》GB 50116—2013 第 6.4.1 条，每个报警区域宜设置一台区域显示器（火灾显示盘）；宾馆、饭店等场所应在每个报警区域设置一台区域显示器。当一个报警区域包括多个楼层时，宜在每个楼层设置一台仅显示本楼层的区域显示器。

2) 地下车库可按几个防火分区组成一个报警区域，并在相应的车库消防电梯前室设置火灾显示盘。

问题【8.3.32】

问题描述：

消防电梯前室是否必须设置火警声光报警器？

原因分析：

对火警声光报警器设置原则不理解，声场计算手段或工具欠缺。

应对措施：

根据《火灾自动报警系统设计规范》GB 50116—2013 第 6.5.1 条，火灾光警报器应设置在每个楼层的楼梯口、消防电梯前室、建筑内部拐角等处的明显部位，且不宜与安全出口指示标志灯具设置在同一面墙上。同时宜考虑报警器安装在对建筑内装美观影响最小处。

问题【8.3.33】

问题描述：

整栋建筑设置火灾集中报警系统，裙房一、二层为小商铺。在公共部位按不超过 25m 要求设置消防应急广播，每个小商铺内是否需要设置消防应急广播？

原因分析：

对规范要求不清楚，同时缺乏计算声压的软件工具。

应对措施：

1）宜按小商铺背景噪声核算公共部位设置的消防应急广播在小商铺最远点的播放声压级，以满足商铺内最远点可以听到消防应急广播及时疏散。

2）难以计算时可在公共部位适当加密设置消防应急广播，小商铺内部不设置消防应急广播。

问题【8.3.34】

问题描述：

消防应急广播和背景音乐广播共用前端扬声器时，扬声器的设置间距有问题。

原因分析：

设计人员考虑节省成本满足消防布点要求，忽略了作为背景音乐时声效的舒适性及均匀度要求。

应对措施：

布置间距应同时满足消防应急广播与背景音乐广播的间距要求：

根据《火灾自动报警系统设计规范》GB 50116—2013 第 6.6.1 条第 1 款，民用建筑内扬声器应设置在走道和大厅等公共场所。每个扬声器的额定功率不应小于 3W，其数量应能保证从一个防火分区内的任何部位到最近一个扬声器的直线距离不大于 25m，走道末端距最近的扬声器距离不应大于 12.5m。

根据《民用建筑电气设计标准》GB 51348—2019 第 16.6.5 条，扬声器在吊顶安装时，应根据场所按公式确定其间距；门厅、电梯厅、休息厅内扬声器箱间距可按式计算：

$$L = (2 \sim 2.5) H \qquad \text{式(8.3.34-1)}$$

通过计算可知：$L = (2 \sim 2.5) \times 3 = 6 \sim 7.5\text{m}$

走道内扬声器间距可按下式计算：

$$L = (3 \sim 3.5) H \qquad \text{式(8.3.34-2)}$$

通过计算可知：$L = (3 \sim 3.5) \times 3 = 9 \sim 10.5\text{m}$

会议室、多功能厅、餐厅内扬声器箱间距可按下式计算：

$$L = 2 \times (H - 1.3) \tan(\theta/2) \qquad \text{式(8.3.34-3)}$$

式中：L——扬声器箱安装间距，m；

$\qquad H$——扬声器箱安装高度，m；

$\qquad \theta$——扬声器的辐射角，宜大于或者等于 90°。

通过计算可知：$L = 2 \times (4 - 1.3) \times \tan(120°/2)$，约 9m。

（注：本次计算中，安装高度取值为 4m，扬声器辐射角度取值 120°）

广播扬声器原则上以均匀、分散的原则配置于广播服务区。其分散的程度应保证服务区内的信噪比不小于 15dB。由于公共广播的设置要求扬声器分散均匀布置，无明显声源方向性，分布位置如图 8.3.34-1 所示。

从经济成本及用户体验考虑，建议采用"最小搭接"的方式布置。鉴于广播扬声器通常是分散配置的，所以广播覆盖区的声压级可以近似地认为是单个广播扬声器的贡献。一般考虑环境噪声视为 65 ～ 70dB（特殊情况除外）。根据有关的电声学理论，扬声器覆盖区的声压级 SPL 同扬声器的灵敏度级 LM、馈给扬声器的电功率 P、听音点与扬声器的距离 r 等有如下关系：

$$SPL = LM + 10\lg P - 20\lg r \quad \text{dB} \qquad \text{式(8.3.34-4)}$$

顶棚扬声器的灵敏度级在 88 ～ 93dB 之间；额定功率为 3 ～ 10W。以 90dB/3W 算，距离扬声器 5m 处的声压级约为 85dB，距离扬声器 6m 处的声压级约为 83dB。在室内，早期反射声群和邻近扬声器的贡献可使声压级增加 2 ～ 3dB。

根据以上近似计算，消防广播和公共广播系统共用前端扬声器时，在顶棚不高于 4m 的广播服务区内，顶棚扬声器（90dB/3W）大体可以按互相距离 8 ～ 10m 均匀配置（图 8.3.34-2）。

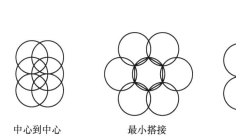

图 8.3.34-1　背景音乐扬声器布置方式

中心到中心　　　最小搭接　　　边到边

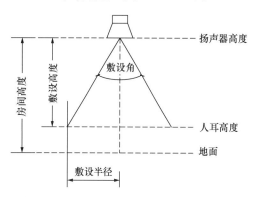

图 8.3.34-2　扬声器辐射示意图

问题【8.3.35】

问题描述：

当背景音乐普通广播和消防应急广播合用时，无强制切入消防应急广播的功能。

原因分析：

违反《火灾自动报警系统设计规范》GB 50116—2013 第 4.8.12 条规定，应设置强制切入消防应急广播的功能。

应对措施：

就地或集中设置强切广播的功能。

问题【8.3.36】

问题描述：

消防广播的回路如何分配？敷设有何要求？

原因分析：

对消防广播回路分配要求不清楚，不同的广播系统电压等级敷设要求不同。

应对措施：

按《火灾自动报警系统设计规范》GB 50116—2013 第 6.6.1 条要求设置扬声器，广播回路根据防火分区/报警区域划分，匹配主机回路与扬声器功率。

根据消防应急广播的电压等级确定敷设方式，以使其满足《火灾自动报警系统设计规范》GB 50116—2013第 11.2.5 条的规定。

问题【8.3.37】

问题描述：

消防控制室设置通过总机拨打外线报警电话是否可行？

原因分析：

设计人员对消防控制室设置的外线电话要求不清楚。

应对措施：

按《火灾自动报警系统设计规范》GB 50116—2013 第 6.7.5 条，消防控制室、消防值班室或企业消防站等处，应设置可直接报警的外线电话。该外线电话指不能经过项目内设置的电话总机引出，需直接自电信电话公司端接入。

8

问题【8.3.38】

问题描述：

医疗建筑中避难间遗漏消防专线电话及消防应急广播设计。

原因分析：

设计人员对建筑设计防火规范学习欠缺。

应对措施：

根据《建筑设计防火规范》GB 50016—2014（2018 年版）第 5.5.24 条的规定，"避难间应设置消防专线电话和消防应急广播。"在火灾自动报警设计中应注意此部分内容，避免遗漏。

问题【8.3.39】

问题描述：

消防电梯轿厢内部应设置专用消防对讲电话，是否可用电梯五方对讲的轿厢分机？参见《建筑设计防火规范》GB 50016—2014（2018 年版）第 7.3.8 条、《火灾自动报警系统设计规范》GB 50116—2013 第 4.7.2 条。

原因分析：

基于成本原因考虑，开发商设计管理部提出此要求。

应对措施：

按照《建筑设计防火规范》GB 50016—2014（2018 年版）第 7.3.8 条第 7 款，电梯轿厢内部应设置专用消防对讲电话。《火灾自动报警系统设计规范》GB 50116—2013 第 4.7.2 条，电梯运行状态信息和停于首层或转换层的反馈信号，应传送给消防控制室显示，轿厢内应设置能直接与消防控制室通话的专用电话。不能采用电梯五方对讲系统的轿厢分机作为轿厢内部的专用消防对讲电话。轿厢对讲分机并非直接与消防控制室通话的专用电话，且不能满足《消防控制室通用技术要求》GB 25506—2010 第 5.4 条消防电话总机的要求：
1）应能与各消防电话分机通话，并具有插入通话功能。
2）应能接收来自消防电话插孔的呼叫，并能通话。
3）应有消防电话通话录音功能。
4）应能显示各消防电话的故障状态，并能将故障状态信息传输给消防控制室图形显示装置。

问题【8.3.40】

问题描述：

模块是否可设置于配电（控制）柜（箱）内？

原因分析：

对《火灾自动报警系统设计规范》GB 50116—2013 第 6.8.2 条，模块严禁设置在配电（控制）柜（箱）内理解存在问题。

应对措施：

条文说明第 6.8.2 条，由于模块工作电压通常为 24V，不应与其他电压等级的设备混装，因此本条规定严禁将模块设置在配电（控制）柜（箱）内。不同电压等级的模块一旦混装，将可能相互产生影响，导致系统不能可靠动作，所以将本条确定为强制性条文。

设计中应区分各模块工作电压等级，比如消防设备电源监控器、剩余电流式电气火灾监控探测器等与配电（控制）柜（箱）电压等级一致，可安装在配电（控制）柜（箱）内。当模块与配电箱电压等级不同时，不可共箱。

问题【8.3.41】

问题描述：

单元式住宅中穿越不同楼层的火灾自动报警系统总线是否需在每层设置总线短路隔离器？

原因分析：

规范条文理解问题。

应对措施：

1）按《火灾自动报警系统设计规范》GB 50116—2013 第 3.1.6 条，系统总线上应设置总线短路隔离器，每只总线短路隔离器保护的火灾探测器、手动火灾报警按钮和模块等消防设备的总数不应超过 32 点；总线穿越防火分区时，应在穿越处设置总线短路隔离器。

2）单元式住宅的不同楼层面积远远小于防火分区面积，可视为一个报警区域，且竖井为电气专用的垂直通道，并用防火门与楼层分隔开，报警总线上不需每层设置总线短路隔离器。

问题【8.3.42】

问题描述：

火灾自动报警总线直接在地下室为多个防火分区配线。

原因分析：

对规范条文不理解，设计不到位。

应对措施：

依据《火灾自动报警系统设计规范》GB 50116—2013 第 3.1.6 条规定，总线穿越防火分区并在该防火分区内接设备时，应在穿越处设置总线短路隔离器。

问题【8.3.43】

问题描述：

火灾自动报警系统图中每层短路隔离器设置的数量与所接消防设备的数量不匹配(图 8.3.43-1)。

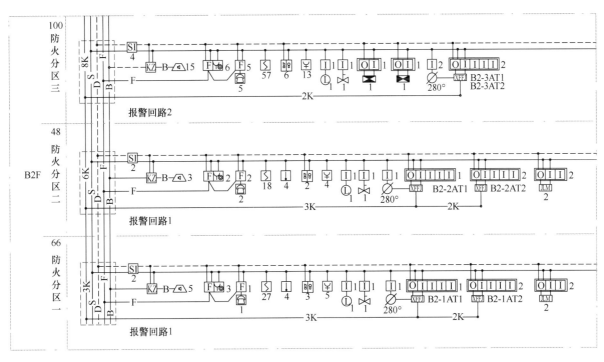

图 8.3.43-1　火灾自动报警系统（一）

原因分析：

设计人员未仔细核对平面图中各短路隔离器所保护的消防设备数量。

应对措施：

在设计火灾自动报警系统图时，为防止违反规范强条要求，一般都在图纸下方备注：每只隔离器保护消防设备总数不应超过 32 点（设备），每一总线回路连接消防设备的总数不超过 200 点（地址），并预留 10% 的余量。但审图时发现有部分图纸还是存在超规范的问题：图 8.3.43-1 中防火分区一系统图设计标注为 2 个短路保护器，实际统计消防设备数量为 66 点，平均每个短路保护器保护消防设备 33 点，违反规范要求。

为避免类似情况发生，建议在报警平面图中，对各短路隔离器按楼层编号，并标注保护设备数量，如：B2S1（25）表示地下二层 1 号短路隔离器保护 25 个消防设备（图 8.3.43-2）。

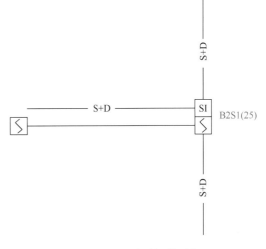

图 8.3.43-2　火灾自动报警系统（二）

8

问题【8.3.44】

问题描述：

火灾自动报警系统环形接线方式下电源线是否需要跟总线一同成环隔离？

原因分析：

规范对此没有明确要求。

应对措施：

根据国标图集《火灾自动报警系统设计规范》图示 14X505-1 的做法，电源线应成环，且与总线一同隔离，而根据环形系统中间断线时仍可由另一端供电的特性，电源线也应该成环，参见图集 14X505-1 第 12 页（图 8.3.44）。

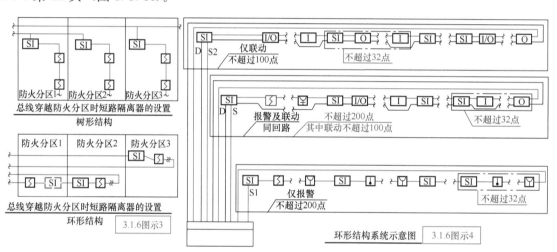

图 8.3.44　环形结构系统示意图

问题【8.3.45】

问题描述：

总线短路隔离模块数量及安装位置是否需要在平面图中表达？

原因分析：

系统图与平面图设计深度及统一问题。

应对措施：

按《火灾自动报警系统设计规范》GB 50116—2013 第 6.8.1 条，每个报警区域内的模块宜相对集中设置在本报警区域内的金属模块箱中。平面图宜有模块箱编号（对应系统图中模块箱内模块类别、数量）、安装位置。模块分散设置时应在平面图中表达模块数量及其安装位置。

问题【8.3.46】

问题描述：

前室灯具、烟感、感应开关、喷淋头、广播等设备布置不当问题（图 8.3.46）。

图 8.3.46　现场安装实景图

原因分析：

装修设计定位未考虑各种设备的安装要求。

应对措施：

精装修设计中各类设备定位既要考虑设备的功能实现，又要兼顾建筑美观，专业间作好充分配合。同时建议标准层做到样板先行，各方确认后再实际实施。

问题【8.3.47】

问题描述：

住宅标准层公共区火灾自动报警系统设计满足规范要求，但部分末端点位偏多（如声光警报装置、手动报警按钮与消火栓伴随布置），造价较高。手动火灾报警按钮、声光警报器设于直对电梯门的墙面上，消火栓按钮没有设于消火栓内，影响美观。由于楼层多，后期若改动工程量极大。

原因分析：

1）没有认真为业主考虑节省造价。

2）认为有装修设计兜底，没有考虑美观要求。

应对措施：

1）按《火灾自动报警系统设计规范》GB 50116—2013 复核所有末端点位，在满足规范要求前提下尽量减少数量，降低造价，简洁美观。

2）声光警报器宜壁装于电梯厅角位，不应设于电梯正对位置；消火栓报警按钮设于消火栓内；手动火灾报警按钮设于疏散楼梯门口（避开住户门口）；火灾应急广播顶棚吸顶安装或吊顶嵌入式安装，美观大方。

问题【8.3.48】

问题描述：

未设置消防水池、高位水箱液位显示、报警装置。

原因分析：

设计人员对规范中涉及安全的要求理解不够深入，设计没有做到位。

应对措施

根据《消防给水及消火栓系统技术规范》GB 50974—2014 第 4.3.9 条消防水池应设置就地水位显示装置，并应在消防控制中心或值班室等地点设置显示消防水池水位的装置，同时应有最高和最低报警水位。《火灾自动报警系统设计规范》GB 50116—2013 附录 A 显示消防水箱（池）水位。

消防水池在消防水泵房控制室和消控室设置显示装置，高位水箱在消控室设置显示装置，显示消防水池水位，同时应能显示最高和最低水位报警信号。

问题【8.3.49】

问题描述：

在火灾报警系统的设计中，消防水箱（池）的水位的信息应在消防控制中心显示。图 8.3.50-1 中利用火灾自动报警系统的监控模块将消防水箱的最高和最低报警水位通过模块动作的方式传到消防控制中心。这种水位显示的方法还有待商榷。因为这样设计的结果是只有两个或三个报警水位得到了显示。

原因分析：

《消防给水及消火栓系统技术规范》GB 50974—2014 第 4.3.9 条第 2 款规定：消防水池应设置就地水位显示装置，并应在消防控制中心或值班室等地点设置显示消防水池水位的装置，同时应具有最高和最低报警水位。这是强条。

其中的要求是显示消防水池水位，这种显示应该是连续性的或多刻度的，设置各种水位的目的是保证消防水池不被放空或各种因素漏水而造成有效灭火水源不足的技术措施。图 8.3.49-1 的设计结果是只有两个或三个报警水位得到了显示，显然是不满足要求的。

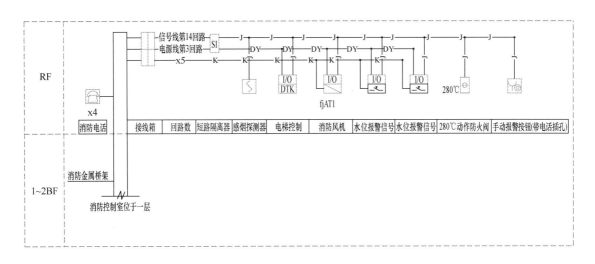

图 8.3.49-1　利用火灾自动报警系统的监控模块采集消防水箱最高和最低报警水位

应对措施：

应该在消防水池处设置专用的就地水位显示装置，并在消防控制中心或值班室等地点设置显示消防水池水位的装置。如图 8.3.49-2 所示，以保证可以观察到实时的消防水池水位。

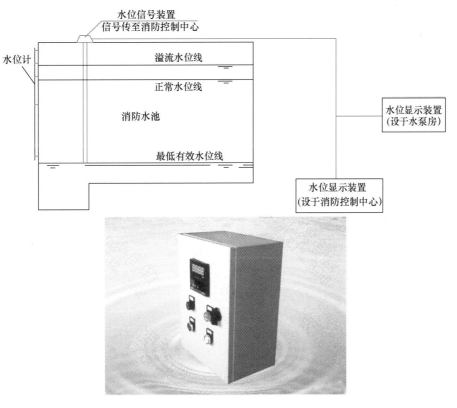

图 8.3.49-2　水位信号装置

8

问题【8.3.50】

问题描述：

建筑物内常闭防火门是否必须设置监控系统？

原因分析：

牵涉成本与设计管控，规范又无明确条文，常因此条与发展商、审图/咨询专家意见冲突。

应对措施：

1）按《火灾自动报警系统设计规范》GB 50116—2013 第 3.2.3 条"集中报警系统的设计"、第 3.2.4 条"控制中心报警系统的设计"的规定："系统设置的消防控制室图形显示装置应具有传输本规范附录 A 和附录 B 规定的有关信息的功能。"附录 A 和附录 B 对防火门提出监控要求，即设置集中报警系统或控制中心报警系统的建筑，均应设置防火门监控系统。

2）《火灾自动报警系统设计规范》GB 50116—2013 第 4.6.1 条，防火门系统的联动控制设计，应符合下列规定：应由常开防火门所在防火分区内的两只独立的火灾探测器或一只火灾探测器与一只手动火灾报警按钮的报警信号，作为常开防火门关闭的联动触发信号，联动触发信号应由火灾报警控制器或消防联动控制器发出，并应由消防联动控制器或防火门监控器联动控制防火门关闭。疏散通道上各防火门的开启、关闭及故障状态信号应反馈至防火门监控器。

3）《建筑设计防火规范》GB 50016—2014（2018 年版）第 6.5.1 条，防火门的设置应符合下列规定：

（1）设置在建筑内经常有人通行处的防火门宜采用常开防火门。常开防火门应能在火灾时自行关闭，并应具有信号反馈的功能。

（2）除允许设置常开防火门的位置外，其他位置的防火门均应采用常闭防火门。常闭防火门应在其明显位置设置"保持防火门关闭"等提示标识。

4）除了第一款中专门规定的具有信号反馈功能的常开防火门外，对常闭防火门规范未明确要求设置防火门监控系统。鉴于设置防火门监控系统能及时掌握防火门的启闭状态，确保火灾时防火门能够有效发挥防火分隔作用，同时根据深圳市经济发展水平等实际情况，要求本市设置有消防控制室的项目对水平和竖向人员疏散路径上的防火门，设置防火门监控系统是合理且必要的。

5）2015 年 11 月 27 上海天华建筑设计有限公司曾就此发函《火灾自动报警系统设计规范》编写组，编写组于 2016 年 1 月 18 的回复函（附后）也要求防火门监控系统应监视所有与人员疏散相关的常闭防火门的工作状态（图 8.3.50）。

6）防火门监控系统具体设计应符合《火灾自动报警系统设计规范》GB 50116—2013 的要求，其产品性能应符合《防火门监控器》GB 29364—2012 的要求。

8

二、关于常闭防火门监控要求

1、《建筑设计防火规范》GB50016-2014 明确要求防火门关闭后应具有防烟性能，但是由于当前许多工程项目与疏散区域相关的常闭防火门经常处于关不严或开启状态，使常闭防火门无法起到防烟性能，造成火灾条件下的疏散楼梯间等部位充满烟气，因此根据建规 6.5.1 条第 6 款要求，防火门监控系统应能监视与疏散区域相关的常闭防火门的状态，主要包括防烟楼梯间、封闭楼梯间、电梯前室等处设置的常闭防火门。

2、国家标准 GB29364-2012《防火门监控器》的产品标准 4.3.1.9 条规定，防火门监控器在所监视的防火门处于非正常打开的状态或非正常关闭的状态时，应发出故障报警信号。因此当监视常闭防火门处于非正常关闭状态，防火门监控器应提示关闭。

3、《火灾自动报警系统设计规范》GB50116-2013 4.6.1 条第 2 款明确要求，疏散通道各防火门的开启、关闭及故障状态信号应反馈至防火门监控器。

4、《消防控制室通用技术要求》GB25506-2010 5.3.9 条明确要求在消防控制室应能显示平时常关闭的疏散门的工作状态。

综上所述，具有消防控制室的场所应设置防火门监控系统，防火门监控系统应监视所有与人员疏散相关的常闭防火门的工作状态，主要包括防烟楼梯间、封闭楼梯间、电梯前室等处设置的常闭防火门。

特此回复。

国家标准《火灾自动报警系统设计规范》管理组
2016 年 1 月 18 日

图 8.3.50 回复函

问题【8.3.51】

问题描述：

是否所有设置火灾自动报警系统的建筑内必须设置消防设备电源监控系统，如何设置为宜？

原因分析：

之前规范没有明确条文，易遗漏设计或与发展商、审图专家意见分歧或超配设计。

应对措施：

1)《建筑设计防火规范》GB 50016—2014（2018 年版）第 8.4.1 条、第 8.4.2 条中的建筑物或场所应设置火灾自动报警系统。按《火灾自动报警系统设计规范》GB 50116—2013 第 3.4.1 条，具有消防联动功能的火灾自动报警系统的保护对象中应设置消防控制室。按第 3.4.2 条，消防控制室内设置的消防控制室图形显示装置应能显示本规范附录 A 规定的建筑物内设置的全部消防系统及相关设备的动态信息和本规范附录 B 规定的消防安全管理信息，并应为远程监控系统预留接口，同时应具有向远程监控系统传输本规范附录 A 和附录 B 规定的有关信息的功能。这就间接要求设有消防控制室的建筑物应设置消防电源监控系统。

2）《民用建筑电气设计标准》GB 51348—2019 第 13.3.8 条设有消防控制室的建筑物应设置消防电源监控系统，其设置应符合下列要求：

（1）消防电源监控器应设置在消防控制室内，用于监控消防电源的工作状态，故障时发出报警信号。

（2）消防设备电源监控点宜设置在下列部位：

① 变电所消防设备主电源、备用电源专用母排或消防电源柜内母排；

② 为重要消防设备如消防控制室、消防泵、消防电梯、防排烟风机、非集中控制型应急照明、防火卷帘门等供电的双电源切换开关的出线端；

③ 无巡检功能的 EPS 应急电源装置的输出端；

④ 为无巡检功能的消防联动设备供电的直流 24V 电源的出线端。

3）当建筑物不需设置消防控制室时说明其火灾隐患及危害小，也就不需要在建筑物内设置消防设备监控系统。

问题【8.3.52】

问题描述：

建筑内可燃气体报警点位数较少，是否可直接接入火灾自动报警控制器？

原因分析：

基于成本原因或发展商内部图审，要求减免可燃气体报警控制器，对可燃气体探测器工作要求和规范要求不清楚。

应对措施：

1）可燃气体探测器工作电流较大，火灾自动报警总线无法驱动。

2）按《火灾自动报警系统设计规范》GB 50116—2013 第 8.1.2 条，可燃气体探测报警系统应独立组成，可燃气体探测器不应接入火灾报警控制器的探测器回路；当可燃气体的报警信号需接入火灾自动报警系统时，应由可燃气体报警控制器接入。

3）按《火灾自动报警系统设计规范》GB 50116—2013 第 8.1.1 条，由可燃气体报警控制器、可燃气体探测器和火灾声光警报器等组成可燃气体探测报警系统，再由控制器接入火灾自动报警控制系统。

问题【8.3.53】

问题描述：

电气火灾监控系统的设置场所，是否按《建筑设计防火规范》GB 50016—2014（2018 年版）

第 10.2.7 条执行？

原因分析：

电气火灾监控系统的设置原则不清楚。

应对措施：

除上述条文中要求设置的场所外，其他类型建筑物可不设置电气火灾监控系统。

问题【8.3.54】

问题描述：

配电回路电气火灾监控点设置在第一级配电柜（箱）出线处，还是在其下一级配电柜（箱）处？

原因分析：

对规范要求的电气火灾监控点设置位置不清楚。

应对措施：

对于电气火灾监控点设置位置，设置原则是在防止误报的情况下尽可能前置，增加保护范围。设计可根据配电系统实际情况，执行下面规范。

1）《火灾自动报警系统设计规范》GB 50116—2013 第 9.2.1 条：剩余电流式电气火灾监控探测器应以设置在低压配电系统首端为基本原则，宜设置在第一级配电柜（箱）的出线端。在供电线路泄漏电流大于 500mA 时，宜在其下一级配电柜（箱）设置。

2）《民用建筑电气设计标准》GB 51348—2019 第 13.5.3 条：剩余电流式电气火灾探测器、测温式电气火灾探测器和电弧故障探测器的监测点设置应符合下列规定：

（1）计算电流 300A 及以下时，宜在变电所低压配电室或总配电室集中测量；300A 以上时，宜在楼层配电箱进线开关下端口测量。当配电回路为封闭母线槽或预制分支电缆时，宜在分支线路总开关下端口测量。

（2）建筑物为低压进线时，宜在总开关下分支回路上测量。

（3）国家级文物保护单位、砖木或木结构重点古建筑的电源进线宜在总开关的下端口测量。

问题【8.3.55】

问题描述：

消防应急广播系统 UPS 供电电源连续工作时间是否不应低于消防应急照明备用电源连续工作时间。

原因分析：

对规范关于消防应急广播系统的 UPS 备用电源连续供电时间不熟悉，设计容易遗漏。

应对措施：

1）按《智能建筑设计标准》GB 50314—2015 第 4.7.6 条，机房工程紧急广播系统备用电源的连续供电时间，必须与消防疏散指示标志照明备用电源的连续供电时间一致。

2）按《民用建筑电气设计标准》GB 51348—2019 第 13.7.16 条及"表 13.7.16"，消防应急广播的连续供电时间为消防疏散指示标志照明备用电源的连续供电时间（90min、60min、30min）。

3）设计应按以上时间要求值之中的较大值确定备用电源连续工作时间。

问题【8.3.56】

问题描述：

报警总线兼有联动控制功能，是否需要采用耐火线？

原因分析：

对设计规范未明确定义的线缆选型不清楚。

应对措施：

按《火灾自动报警系统设计规范》GB 50116—2013 第 11.2.2 条，火灾自动报警系统的供电线路、消防联动控制线路应采用耐火铜芯电线电缆，报警总线、消防应急广播和消防专用电话等传输线路应采用阻燃或阻燃耐火电线电缆。消防联动控制线路包括联动型报警控制器带联动控制模块的总线，消防控制室直接手动控制防排烟、消防水泵等的控制线。以上两种均应采用耐火铜芯电线电缆，当报警线兼有联动控制功能时，应采用耐火线。

问题【8.3.57】

问题描述：

火灾自动报警系统线缆，采用单根桥架敷设时需要几分隔？

原因分析：

对规范要求不理解，对火灾自动报警系统各子系统线路电压等级不清楚。

应对措施：

1）根据《火灾自动报警系统设计规范》GB 50116—2013 第 11.2.5 条，不同电压等级的线缆不应穿入同一根保护管内，当合用同一线槽时，线槽内应有隔板分隔。

2）根据线路电压等级，火灾自动报警系统干线可能含有以下几类线路：

（1）常规火灾自动报警系统线路、探测控制总线、消防模块控制线路、手动直接控制线路、防火门监控线路、电气火灾监控线路等，电压等级一般为 24V。现有消防电话产品线路，电压等级也为 24V。

（2）消防应急广播线路，电压等级主要为 70V、110V（120V）。

（3）消防泵低压压力开关、流量开关、湿式报警阀压力开关联锁启泵线，电压等级为 AC230V。

这几类线路合用同一线槽时，线槽内应有隔板分隔。

3）内置多孔分隔的桥架，生产、安装、维护并不太方便。项目设计中也可根据实际情况设计多根桥架，部分类别线路较少时可穿金属管沿桥架敷设。

问题【8.3.58】

问题描述：

火灾自动报警系统线路敷设是否一定采用金属管保护？

原因分析：

对规范不了解，导致在线路保护管材选用时出现疑问，且容易导致不必要的浪费。

应对措施：

1）按《火灾自动报警系统设计规范》GB 50116—2013 第 11.2 条，火灾自动报警系统线路暗敷设时，应采用金属管、可挠（金属）电气导管或 B1 级以上的刚性塑料管保护，并应敷设在不燃烧体的结构层内，且保护层厚度不宜小于 30mm；线路明敷设时，应采用金属管、可挠（金属）电气导管或金属封闭线槽保护。

2）B1 级是已废止标准《建筑材料燃烧性能分级方法》里的说法。根据《建筑材料及制品燃烧性能分级》GB 8624—2012 的检测标准，建筑材料分为 A 级（不燃材料）、B1 级（难燃材料）、B2 级（可燃材料）、B3 级（易燃材料）。该标准主要是对材料的燃烧等级进行了严格划分，其阻燃 B1 级标准主要有三大指标：

（1）氧指数：不小于 32.0%；

（2）垂直燃烧性能：燃烧时间不大于 30s，燃烧高度不大于 250mm；

（3）烟密度等级：不大于 75SDR。

这三大指标是针对管道隔热保温用泡沫塑料类材料来讲的，总的要求是：

① 按 GB 8624—2012 进行测试，其燃烧性能应达到 GB 8624—2012 所规定的指标，且不允许有燃烧滴落物引燃滤纸的现象；

② 按《建筑材料难燃性试验方法》GB/T 8625—2005 进行测试，每组试件的平均剩余长度不小于 15cm（其中任一试件的剩余长度大于 0cm），且每次测试的平均烟气温度峰值不大于 200℃。

问题【8.3.59】

问题描述：

《火灾自动报警系统设计规范》GB 50116—2013 第 11.2.3 条线路敷设要求中未提及明敷线路要刷防火涂料，是否明敷线路采用金属管、可挠金属管或金属封闭线槽保护时，不用再刷防火涂料？

原因分析：

设计人员对规范中涉及安全的要求理解不够深入。

应对措施：

金属导管敷设线路火灾中持续工作时间，与金属导管防火涂料厚度相关，但缺乏稳定、权威实验数据，而且防火涂料越厚越容易爆裂脱落，后期难以修补。线缆在火灾情况下的持续工作时间首先靠线缆自身，故《火灾自动报警系统设计规范》GB 50116—2013 提高了线缆的阻燃耐火要求，没有对金属导管提防火涂料的要求。

问题【8.3.60】

问题描述：

根据《火灾自动报警系统设计规范》GB 50116—2013 第 12.4.1 条，高度大于 12m 的空间场所宜同时选择两种及以上火灾参数的火灾探测器。第 12.4.3.3 条，线型光束感烟火灾探测器的设置在建筑高度不超过 16m 时，宜在 6～7m 增设一层探测器。是否只需设置两层探测器，无须按 12.4.1 条作两种探测方式的火灾探测器？

原因分析：

对超过 12m 高大空间火灾探测器设置不了解。

应对措施：

对于高度大于 12m 的空间场所宜同时选两种及以上火灾参数的火灾探测器，这是为了提早发现火灾而设置的两种相互备份的技术手段。第 12.4.3.3 条针对线型光束感烟火灾探测器而言，并未解除另一种探测器的设置要求。

问题【8.3.61】

问题描述：

高度大于 12m 的空间场所照明电源的配电线路上，未设置具有探测故障电弧功能的电气火灾监控探测器。

原因分析：

高度大于 12m 的空间场所最大的火灾隐患就是发生电气火灾，因此应设置电气火灾监控系统。照明线路故障引起的火灾占电气火灾的 10％左右，此类建筑的顶部较高发生火灾不容易被发现，也没法在其上面设置其他探测器，只有设置具有探测故障电弧功能的电气火灾监控探测器，才能保证对照明线路故障引起的火灾进行有效探测。

应对措施：

按图 8.3.61 设计，在配电系统中增加探测故障电弧功能的电气火灾监控探测器。

问题【8.3.62】

问题描述：

消防设计专篇仅见火灾自动报警系统设计内容说明，没有提供其余消防电气设计内容说明，可能导致消防报建无法通过。

原因分析：

消防报建工作中，电气专业一般仅提供火灾自动报警系统设计图纸，没有提供其余消防电气设

8

图 8.3.61　增加探测故障电弧功能照明系统图

计图纸。主管部门无法判断消防电气设计是否到位。

应对措施：

1）按住建部《建设工程消防设计审查验收工作细则》第（四）设计说明书之 7，消防专篇建筑电气说明应当包括消防电源、配电线路及电器装置，消防应急照明和疏散指示系统、火灾自动报警系统以及电气防火措施等。

2）按住建部《建设工程消防设计审查验收工作细则》第（五）设计图纸之 3，建筑电气图纸应当包括：电气火灾监控系统、消防设备电源监控系统、防火门监控系统、火灾自动报警系统、消防应急广播以及消防应急照明和疏散指示系统等。

问题【8.3.63】

问题描述：

某项目火灾自动报警系统（FAS）报警控制器正常状态下也会显示部分防排烟风机控制箱的编码地址有触点接通，系统无故障报警，却无法显示"系统正常"状态。

原因分析：

经查阅该项目设计图纸，FAS 接入的每台防排烟风机控制箱均设计有手动、自动两个状态监视，现场发现防排烟风机控制箱内选用的是三态开关（手动、停止、自动），部分防排烟风机控制箱内的多位开关位于手动挡或停止挡，没有位于自动挡。而本项目的 FAS 安装是将手动挡、停止挡接入监视模块，自动挡没有接入，而自动状态是要求监视的，《消防控制室通用技术要求》GB 25506—2010 第 4.2.1 条也要求其日常运行须处于自动状态。故其采取通过系统逻辑判断来实现对自动挡的监视，只有控制箱在自动挡下，FAS 逻辑判断才显示"系统正常"工作状态。

应对措施：

按《消防控制室通用技术要求》GB 25506—2010 第 4.2.1 条要求，将防排烟风机控制箱内的多位开关复位至自动（接通）位置。

问题【8.3.64】

问题描述：

高层病房楼避难间漏设消防专线电话和消防应急广播。

原因分析：

因为避难间可以利用平时使用的房间，如公共就餐室或休息室，也可以利用电梯前室等，避难间面积也比较小，容易漏设。

应对措施：

《建筑设计防火规范》GB 50016—2014（2018 年版）第 5.5.24 条规定"高层病房楼应在二层及以上的病房楼层和洁净手术部设置避难间。避难间应符合规定：应设置消防专线电话和消防应急广播。"设计医院类项目火灾报警系统时要特别注意这一条规范要求，避免漏设。

问题【8.3.65】

问题描述：

在施工时，防火卷帘门的电动装臂未按照施工图设计，未将防火卷帘控制箱位置同侧安装，造成现场返工或违反规范。

原因分析：

施工单位在安装防火卷帘门电动装臂时，未参照电气图纸；或者电气图纸中箱体安装位置不合理，造成同侧时的防火卷帘门电动装臂无法安装。

应对措施：

1）在施工图设计过程中设计师应判断控制箱位置的合理性，特别是人防区设置封堵密闭门通道处安装防火卷帘门时，只有一侧可以安装电动装臂（封堵密闭门的另一侧）。并在动力平面图纸注明"卷帘门电动装臂侧参考动力图中电源箱位置，安装在电源箱同侧"加以提醒。

2）施工单位在安装时应结合电气施工图，安装防火卷帘门控制箱位置同侧安装（图 8.3.65）。当安装完毕时发现此问题应及时与设计师沟通修改配电线路，不应在控制箱附近打孔敷设线路至电动装臂处，这样会造成跨防火分区供电，违反《建筑设计防火规范》GB 50016—2014（2018 年版）第 10.1.7 条要求：消防配电支线不宜穿越防火分区。

图 8.3.65　现场安装实景图

第9章 智能化系统

问题描述：

智能化系统室内线路暗管敷设时，能否采用 PVC 塑料管保护？

原因分析：

智能化系统室内线路暗敷时，能否采用 PVC 塑料管保护，争议很大。

1）按《综合布线系统工程设计规范》GB 50311—2016 第 7.5.8 条要求："①线路明敷设时，应采用金属管、可挠金属电气导管保护。②建筑物内暗敷设时，应采用金属管、可弯曲金属电气导管等保护。"这明确要求暗敷设采用金属导管。

2）在《综合布线系统工程设计规范》GB 50311—2016 第 7.5.3 条"塑料导管或槽盒及附件的材质应符合相应阻燃等级的要求。"和 7.5.1 条文说明："常用的布线导管包括金属导管（钢管和电线管）、可弯曲金属导管、中等机械应力以上刚性塑料导管和混凝土管孔等……暗敷于墙内或混凝土板内的刚性塑料导管应选用抗压、抗冲击及弯曲等性能达到中等机械应力以上的非火焰蔓延型塑料导管。"貌似为暗敷设采用塑料管留了后门，也有看法认为这仅是为"潮湿或对金属有严重腐蚀的场所"开放的。

3）《民用建筑电气设计标准》GB 51348—2019 第 21.7.1 条："综合布线系统应根据环境条件，用户对电磁兼容性、带宽要求采用相应的线缆和配线设备，并应符合下列规定：采用非屏蔽布线无法满足安装现场条件对线缆的间距要求时，应采用金属导管、金属槽盒敷设，或采用屏蔽布线系统及光缆布线系统。"第 21.7.4 条："从电信间引出的水平线缆，成束敷设时，宜采用槽盒的敷设方式。从槽盒引出至信息插座，可采用金属导管或可弯曲金属导管敷设。"也是倾向于用金属导管，但也不排除暗敷设采用金属导管。

4）很多要求不高的常规项目，尤其是住宅项目，采用 PVC 塑料管楼板、墙壁暗敷设，施工方便、造价低廉。多个项目多年运行，效果良好。对一些严格控制造价的项目，业主强烈要求采用 PVC 塑料管楼板、墙壁暗敷设。

应对措施：

1）金属导管，相对于 PVC 塑料管，机械保护、屏蔽防干扰性能无疑更好，规范要求暗敷设采用金属导管也是出于这两方面考虑。对于公建和高端住宅项目，设计应尽可能执行规范要求，按需选用金属导管。

2）低成本项目如普通住宅项目，若业主强烈要求采用 PVC 塑料管，建议业主与施工图审查单位、质监站沟通落实可行后，要求设计院按此设计。设计应选用抗压、抗冲击及弯曲等性能达到中等机械应力以上的非火焰蔓延型塑料导管。

问题【9.2】

问题描述：

视频安防监控系统电缆与供电线缆（交流 220V）合用金属线槽或和合用金属管，对信号产生一定的电磁干扰。

原因分析：

220V 强电线路会对视频安防监控系统电缆造成一定的电磁干扰，违反《安全防范工程技术标准》GB 50348—2018 第 6.7.4 条规定。

应对措施：

电力系统与信号传输系统的线路应分开敷设。

问题【9.3】

问题描述：

监控中心未设置接地装置或接地装置不满足规范要求。

原因分析：

设计人员对规范条文理解不熟悉，设计没有做到位。不满足《安全防范工程技术标准》GB 50348—2018第 6.11.5 条规定。

应对措施：

监控中心应设置接地汇集环或汇集排，汇集环或汇集排宜采用裸铜线，其截面积应不小于 35mm^2。

问题【9.4】

问题描述：

从室外引进的综合布线、公共广播等弱电线路未考虑防雷接地设计。

原因分析：

不熟悉规范的要求，触犯强条。

应对措施：

1）《公共广播系统工程技术规范》GB 50526—2010 第 3.5.7 条：具有室外传输线路（除光缆外）的公共广播系统应有防雷设施。公共广播系统的防雷和接地应符合现行国家标准《建筑物电子信息系统防雷技术规范》GB 50343—2012 的有关规定。

2）《综合布线系统工程设计规范》GB 50311—2016 第 8.0.9 条、第 8.0.10 条要求：当缆线从

9

建筑物外引入建筑物时，电缆的金属护套或金属构件应在入口处就近与等电位联结端子板连接，并应选用适配的信号线路浪涌保护器。

3）设计应按需设计，要求集成商或厂家按《建筑物防雷设计规范》GB 50057—2010 第 4.3.8 条、第 4.4.7 条配置用于电子系统的电涌保护器。

问题【9.5】

问题描述：

如体育场、会展中心等防范恐怖袭击重点目标的视频图像信息保存期限为 30 天。

原因分析：

违反《安全防范工程技术标准》GB 50348—2018 第 6.4.5.7 条：反恐重点目标的视频图像信息保存期不应少于 90 天，其他目标的视频图像信息，保存期不应少于 30 天。

应对措施：

设计民用建筑时比较常见的防范恐怖袭击的重点目标有学校、医院、交通枢纽、地铁、大型商场、政府办公大楼、易燃易爆的仓库、监狱和看守所等，具体掌控原则如下：

根据《中华人民共和国反恐怖主义法》第三十一条：公安机关应当会同有关部门，将遭受恐怖袭击的可能性较大以及遭受恐怖袭击可能造成重大的人身伤亡、财产损失或者社会影响的单位、场所、活动、设施等确定为防范恐怖袭击的重点目标。

问题【9.6】

问题描述：

歌舞娱乐场所出入口、主要通道未装设闭路电视监控装置。

原因分析：

违反国务院颁布的《娱乐场所管理条例》（2019 年修订版）第十五条的规定：歌舞娱乐场所应当按照国务院公安部门的规定在营业场所的出入口、主要通道安装闭路电视监控设备，并应当保证闭路电视监控设备在营业期间正常运行，不得中断。歌舞娱乐场所应当将闭路电视监控录像资料留存 30 日备查，不得删改或者挪作他用。

应对措施：

为保证社会治安的要求，在歌舞娱乐场所出入口、主要通道应按规定设置闭路电视监控装置。

问题【9.7】

问题描述：

消防控制中心与安防监控中心合用或安防监控中心独立设置时未设置出入口控制装置及相应视频监控等设施。

原因分析：

设计人员不了解新版《安全防范工程技术标准》GB 50348—2018 的相关条款规定，此规范第
6.14.2.1 条："监控中心应有保证自身安全的防护措施和进行内外联络的通信手段，并应设置紧急
报警装置和留有向上一级接处警中心报警的通信接口。"第 6.14.2.2 条："监控中心出入口应设置
视频监控和出入口控制装置，监视效果应能清晰显示监控中心出入口外部区域的人员特征及活动情
况。"第 6.14.2.3 条："监控中心内应设置视频监控装置，监视效果应能清晰显示监控中心内人员
活动的情况。"以上几条均为强制性条文。

应对措施：

设计人员应熟悉《安全防范工程技术标准》GB 50348—2018 的相关内容，且落实到设计图
纸上。

问题【9.8】

问题描述：

地下车库出入口（含与小区地面、住宅楼相通的人行出入口），主要通道未设置摄像机。

原因分析：

设计人员对规范条文理解不熟悉，设计没有做到位。

应对措施：

按照《民用建筑电气设计标准》GB 51348—2019 第 14.3.1 条，"表 14.3.1"规定：住宅建筑
车行人行出入口应设置监控摄像机，主要通道宜设置监控摄像机。

问题【9.9】

问题描述：

闭路电视监控系统中未预留软硬件接口。

原因分析：

设计人员对规范条文理解不熟悉，设计没有做到位。不满足《民用闭路监视电视系统工程技术
规范》GB 50198—2011 第 3.1.5 条规定。

应对措施：

在设计过程中，系统应预留软硬件接口，便于消防系统、入侵报警系统、出入口控制系统、电
子巡更系统、停车场管理系统等集成。根据系统需要可实现系统之间的联动，并能自动切换到对应
的视频通道。

9

问题【9.10】

问题描述：

厅堂广播扬声器的布置不符合要求。

原因分析：

设计人员对规范条文理解不熟悉，设计没有做到位。不满足《民用建筑电气设计标准》GB 51348—2019第16.5.4条："厅堂扩声扬声器的布置宜采用集中布置、分散布置及混合布置，并应符合下列规定：

1）集中布置时，应使听众区的直达声较均匀地覆盖全场，并减少声反馈。下列情况，扬声器系统宜采用集中布置方式：

（1）设有舞台并要求视听效果一致。

（2）受建筑体型限制不宜分散布置。

2）分散布置时，应控制靠近前台第一排扬声器的功率，减少声反馈。应防止听众产生双声现象，必要时可在不同通路采取相对时间延迟措施。下列情况，扬声器系统宜采用分散式布置方式：

（1）建筑物内的大厅净高较高，纵向距离长或者大厅被分隔成几部分使用时，不宜集中布置。

（2）系统需要采用多通道扩声，播放立体声节目。

3）下列情况，扬声器或扬声器组采用混合布置方式：

（1）对眺台过深或设楼座的剧院等，宜在被遮挡的声影部位布置辅助扬声器系统。

（2）对大型或者纵向距离较长的大厅，除集中设置扬声器系统外，宜在后区布置辅助扬声器系统。

（3）对各方向均有观众的场所宜混合布置。控制扬声器指向性及声压级，避免听到回声。

4）返听扬声器应安装在靠近舞台台口的位置，并应独立控制。

5）重要扩声场所扬声器的布置方式宜根据建筑声学实测结果确定。"

应对措施：

按规范设置。

问题【9.11】

问题描述：

中小学教学楼、办公楼等未设置分楼、分层或分部位控制的广播线。

原因分析：

违反《城市普通中小学校舍建设标准》〔2002〕102号第二十七条例规定：教学、办公楼等应该设置适应教学、办公手段现代化的电器插座和分楼、分层或分部位控制的广播线路。

应对措施：

中小学教学楼、办公楼应设置分楼、分层或者分部位的广播线路，以便于学校播放管理、教学的宣传广播。

9

问题【9.12】

问题描述:

入侵报警系统设计的导线芯数及产品技术要求不满足《入侵报警系统工程设计规范》GB 50394—2007 第 5.2.4 条要求的防破坏功能设计。

原因分析:

入侵探测器的线缆只有四芯,而选用的产品需要六芯才能满足防拆报警功能,从深化设计到前期施工安装均未发现该问题,至设备调试时才发现。

应对措施:

要满足《入侵报警系统工程设计规范》GB 50394—2007 第 5.2.4 条的要求,当入侵探测器机壳被打开或当探测器电源线被切断等情况下报警控制设备上应发出声、光报警信息,也就是通常说的防拆报警,其实现方式有两种:第一种是通常做法,就是入侵报警控制器设置单独的防拆防区,每个入侵探测器需要配置六芯线(两芯实现防拆报警,两芯作为入侵探测报警,另外两芯作为电源线),这种做法施工接线简单,比较常见;另外一种做法就是采用在入侵探测器的接线上采用"双线末电阻接线",但需注意这种接线方式并非所有入侵报警控制器均能实现,设计中采用该做法时需在图纸中注明(上述项目图纸中就漏了注明该要求),不但可减少占用控制器设置防拆防区,该接线方式通过监测报警线路的四种电阻状态,可实现布防和撤防时均具备防拆报警功能。

问题【9.13】

问题描述:

住宅、公建建筑设计光纤接入系统时,没有考虑多家电信业务经营者平等接入、用户自由选择的要求。

原因分析:

不熟悉规范的要求,沿用多年的传统做法,触犯强制性条款。

应对措施:

1)《住宅区和住宅建筑内光纤到户通信设施工程设计规范》GB 50846—2012 第 1.0.3 条:住宅区和住宅建筑内光纤到户通信设施工程的设计,必须满足多家电信业务经营者平等接入、用户可自由选择电信业务经营者的要求。《综合布线系统工程设计规范》GB 50311—2016 第 4.1.2 条:光纤到用户单元通信设施工程的设计必须满足多家电信业务经营者平等接入、用户单元内的通信业务使用者可自由选择电信业务经营者的要求。

2)严格执行规范,设计三家及以上运营商配线系统,明确用户接入点和分光方案。并按当地主管部门要求,规划各家独立的进线机房或合用进线机房。

9

问题【9.14】

问题描述：

住宅小区通信总机房设置面积不符合要求。

原因分析：

不满足《深圳市光纤到户通信配套设施设计审核要点》第二条第3点规定：多栋新建建筑组成的小区，应设置小区总机房，机房面积应符合表9.14相关规定：

小区总机房配置标准　　　　　　　　　　　　　　　　　　　　表9.14

小区总建筑面积 S/m^2	机房面积/m^2
$S \leqslant 40000$	$25 \sim 30$
$40000 < S \leqslant 150000$	$30 \sim 40$
$150000 < S \leqslant 450000$	$40 \sim 50$
当小区总建筑面积超过45万 m^2 时，可视为特大型小区。特大型小区的小区总机房配置可结合分期建设计划或城市道路围合将其划分为多个区域，每个区域的小区总机房可按照上述标准进行配置	

应对措施：

应根据住宅小区的终期住户数量及中心机房设置的设备情况，确定小区通信总机房的使用面积。

问题【9.15】

问题描述：

住宅单体建筑内电信间面积不符合要求。

原因分析：

不满足《深圳市光纤到户通信配套设施设计审核要点》第二条第4点规定：1000m^2 以上的新建建筑应预留单体建筑机房面积。单体建筑机房面积应符合表9.15相关规定：

单体建筑机房配置标准表　　　　　　　　　　　　　　　　　　表9.15

单体建筑面积 S/m^2	机房面积/m^2
$1000 \leqslant S < 5000$	10
$5000 \leqslant S < 20000$	$10 \sim 20$
$20000 \leqslant S < 40000$	$20 \sim 30$
超高层建筑的设置标准为在每一避难层设一个 $15m^2$ 的机房；　　超大型建筑的设置标准为每 $20000m^2$ 设一个 $15m^2$ 的机房	

应对措施：

住宅楼内装设哪一种宽带数据通信应由业主自主确定，设置电信间是提供各电信运营商平等的

9

接入和使用条件，设计时单体建筑电信间面积需满足规范要求。

问题【9.16】

问题描述：

电子信息设备机房设置在卫生间正下方或贴邻，或设置在变压器室、配电室的上下方或贴邻。

原因分析：

违反《民用建筑电气设计标准》GB 51348—2019 第 23.2.1 条规定。

应对措施：

电子信息设备机房不应设置在卫生间、厨房的正下方或贴邻，以免卫生间、厨房渗水影响中心机房。变压器室等有较强电磁场干扰的设备用房，应与电子信息设备机房保持足够的距离。

问题【9.17】

问题描述：

综合布线系统的电信间、设备间没有满足温湿度要求。

原因分析：

不满足《综合布线系统工程设计规范》GB 50311—2016 第 7.2.7 条：电信间室内温度应保持在 10～35℃，相对温度应保持在 20%～80%。当房间内安装有源设备时，应采取满足信息通信设备可靠运行要求的对应措施，及 7.3.4 条第 7 款规定：设备间室内温度应保持在 10～35℃，相对湿度应保持在 20%～80%，并应有良好的通风。当室内安装有源的信息通信网络设备时，应采取满足设备可靠运行要求的对应措施。电气/智能化专业没有提资暖通专业。

应对措施：

为使综合布线系统的主要设备处于良好的工作环境，应提资暖通专业，保证设备间室内温湿度的要求。

问题【9.18】

问题描述：

残疾人卫生间应设紧急呼叫系统。

原因分析：

设计人员对规范条文理解不熟悉，设计没有做到位。

应对措施：

根据《无障碍设计规范》GB 50763—2012 第 3.9.3 条要求，需在无障碍厕所坐便器旁边墙上

400～500mm 处设置求助按钮，呼叫系统宜采用安全电压。

问题【9.19】

问题描述：

养老建筑卫生间未设置呼叫装置或者求助报警按钮设置安装不当。

原因分析：

设计人员对规范条文理解不熟悉，设计没有做到位，《老年人照料设施建筑设计标准》JGJ 450—2018 第 7.4.2 条第 3 款：老年人居室、单元起居室、餐厅、卫生间、浴室、盥洗室、文娱与健身用房、康复与医疗用房均应设紧急呼叫装置，且应保障老年人方便触及。紧急呼叫信号应能传输至相应护理站或值班室。呼叫信号装置应使用 50V 及以下安全特低电压。

应对措施：

老年人行动不便，当发生意外情况下，可通过呼叫装置求救，采用按钮型呼叫装置时，卫生间内安装高度距地宜为 0.40～0.50m，居室床头和公共活动场宜为 0.90～1.20m；采用拉绳方式时，马桶旁宜为 1.10m，淋浴区为 1.80m；鉴于文娱与健身用房、康复与医疗用房的紧急呼叫装置位置往往难以确定，也可采用携带式的紧急呼叫装置。

问题【9.20】

问题描述：

住宅户内未设置紧急求助报警装置。

原因分析：

甲方考虑成本因素，设计时对规范理解不清晰，违反《住宅建筑电气设计规范》JGJ 242—2011 第 14.3.5 条第 2 款：每户应至少安装一处紧急求助报警装置。

应对措施：

每户设置紧急求助报警按钮能更好地保障居民的人身、财产及生命安全。紧急求助报警装置宜安装在起居室（厅）、主卧室或书房。

问题【9.21】

问题描述：

项目室外区域 Wi-Fi、无线对讲系统信号强度较大，可在项目外侧远距离上网或通话。

原因分析：

片面认为无线信号越强，通信质量越好，却造成电磁污染。不熟悉规范的要求而触犯强条。

应对措施：

1)《安全防范工程技术标准》GB 50348—2018 第 6.13.3 条第 2 款：无线发射装置、接收装置的发射频率、功率应符合国家无线电管理的有关规定。

2）设计项目总平面 Wi-Fi、无线对讲系统时，慎用大功率天线，可适当增加布点，降低设备功率，避免项目之外区域电磁污染。

问题【9.22】

问题描述：

塔楼每层设置独立新风机组，均由建筑设备监控系统监控。每台新风机组均设置独立的温度检测，配置了多套冗余设备，造价较高。

原因分析：

设计方没有理解各典型区域内，其室外新风温度基本一样。直接套用标准新风机控制原理图设计新风机控制系统，每台新风机组均设置独立的温度检测。

应对措施：

只在各典型区域设置一二只新风温度传感器即可，精简大量冗余温度传感器、线路和 DDC 点数，节省造价。

问题【9.23】

问题描述：

哪些设备、系统由建筑设备监控系统直接监控，哪些设备、系统自成控制体系后，接入建筑设备监控系统？

原因分析：

理论上建筑设备监控系统可以直接监控所有建筑设备，但代价很大，而且系统人机界面差、点数多、反应慢且工作不稳定。随着行业发展，许多机电设备都自带通信接口或监控系统，可以自成控制体系。这样建筑设备监控系统功能提升的同时，也使系统方案复杂化，给设计带来困扰。

应对措施：

根据行业的发展和工程建设、运行经验，建议如下：

1）建筑设备监控系统监控的设备范围宜包括冷热源、供暖通风和空气调节、给水排水、供配电、照明、电梯、环境参数等，并宜包括以自成控制体系方式纳入管理的专项设备监控系统等。

2）空调冷热源监控，建议与业主和空调专业协商确定方案，采用建筑设备监控系统直接监控，或由冷热源厂家、专业供应商配套提供冷热源群控系统监控。冷热源群控系统可通过网关或网络接口接入建筑设备监控系统。

3）锅炉系统应由厂家配套提供监控系统，可经网关或通信接口接入建筑设备监控系统。

4）多联机空调系统应由厂家配套提供监控系统，可经网关或通信接口接入建筑设备监控系统。

5）送排风机、空调器一般由建筑设备管理系统直接监控。消防平时合用风机，平时由建筑设备监控系统监控，火灾时自动转为火灾自动报警系统监控。纯粹消防风机由火灾自动报警系统监控，不需纳入建筑设备监控系统。

6）潜水泵组、变频稳压供水系统、生活热水系统等给水排水系统，基本都自带监控系统，可以独立运行。这些系统可将工作、故障状态等信号接入建筑设备监控系统 DDC。

7）电力监控系统一般通过智能电力仪表等采集电流、电压、频率、功率因数、开关状态等各项数据，自成电力监控系统。电力变压器、发电机组、直流屏、UPS 可通过 Modbus 等标准通信接口接入电力监控系统。电力监控系统经网关或通信接口接入建筑设备管理系统。

8）规模较小或要求较低的项目，公共区照明可直接由建筑设备管理系统监控。规模较大或要求较高的项目，公共区照明可采用照明控制模块等自成智能照明控制系统，并经网关或通信接口接入建筑设备监控系统。

9）规模较小的项目，电梯可直接由建筑设备管理系统监控，DDC 直接采集各台的电梯工作、故障、上行、下行等状态信号。规模较大或要求较高的项目，电梯自成电梯监控系统，并经网关或通信接口接入建筑设备监控系统。

10）规模较小或要求较低的项目，公共区风机盘管可直接由建筑设备监控系统直接监控，一般是电源通断监控。规模较大或要求较高的项目，公共区风机盘管采用网络型风机盘管温控调速开关，自成监控系统，并经网关或通信接口接入建筑设备管理系统。

11）温度、湿度、$PM_{2.5}$ 等环境参数，一般由建筑设备管理系统直接监测。

问题【9.24】

问题描述：

停车场出入口道闸设置方案不满足交通、消防主管部门要求，或不符合项目实施条件、不满足项目管理要求。

原因分析：

智能化专业与总图或建筑专业、园林专业沟通较少，不熟悉消防规范，闭门造车。

应对措施：

1）《建筑设计防火规范》GB 50016—2014（2018 版）第 7.1.5 条：在穿过建筑物或进入建筑物内院的消防车道两侧，不应设置影响消防车通行或人员安全疏散的设施。设计尽量不要在消防车道上设置停车场出入口道闸。无法避免时，应考虑消防行车的可行性。如果设置道闸后局部车道宽度小于消防车道宽度要求，可以与总图或建筑专业、园林专业协商局部车道加宽方案。

2）与总图或建筑专业、业主和物业管理部门沟通，确定停车场出入口道闸位置。不宜在坡道、弯道处设置停车场出入口道闸。根据行车方向、宽度要求确定停车场形式（单进、单出、单进/出、双进、双出、单进单出等），确定是否设置值班岗亭以及岗亭位置。

3）完成设计后，应反提总图或建筑专业、业主和物业管理等部门，得到确认后方可订货施工。

问题【9.25】

问题描述：

室外消防施救场地、消防登高面，设置视频安防监控系统立杆或背景音乐落地扬声器等影响消防登高的智能化设备，消防验收要求整改移位。

原因分析：

智能化专业与总图或建筑专业沟通较少，不熟悉消防规范，只考虑智能化系统的需求。

应对措施：

智能化专业应与总图或建筑专业沟通，了解室外消防施救场地、消防登高面分布后，再按需设计视频安防监控等系统的立杆和落地背景音乐广播扬声口并将点位反提总图或建筑专业。

问题【9.26】

问题描述：

弱电井设置位置不合理，综合布线系统水平铜缆长度过长；弱电井开门偏小，无法搬运标准机柜。

原因分析：

1）没有考虑到综合布线系统铜缆线路长度限制。

2）弱电井开门没有考虑到标准机柜的搬运通道宽度要求。弱电井开门后，净宽约为开门宽度减去门垛宽度。弱电井常用标准机柜宽度 600mm、800mm。

应对措施：

1）住宅建筑，宜设置弱电间，条件受限时，可强弱电间合并设置，但强弱电设备、线路应按规范保持间距。公共建筑应独立设置弱电间。

2）弱电间位置宜居中，确保最远处末端至弱电间的铜缆线路总长小于 90m。考虑到垂直长度和附属敷设长度，水平长度不宜大于 80m。若铜缆线路兼 PoE 设备（摄像机、AP）供电功能，交换机至设备的铜缆总长度不宜大于 70m。

3）信息点较多的弱电间，建议配置 482.6mm（19in）标准机柜。弱电间面积不宜小于 5m²，短边不宜小于 1500mm，开门净宽不应小于 650mm（建议开门 800mm 或以上）。

4）信息点较少的弱电间，可配置壁装机柜。当建筑平面受限制时，可利用公共走道满足操作、维护距离的要求，弱电间最小净深不宜小于 600mm。

问题【9.27】

问题描述：

设备采用 PoE 供电，运行不稳定。

9

原因分析：

1）PoE 交换机供电功率不满足设备用电需求。

2）综合布线系统产品不理想或距离过长，线路阻抗大供电能力有限。

3）施工不规范，线路接头阻抗较大。

应对措施：

1）设备选型，除核算 PoE 交换机单口供电能力应满足单台设备要求外，还应特别核算 PoE 交换机满载时，电力输出能否满足全部设备用电需求。

2）设计时，应复核布线子系统的铜缆实际长度，避免线路压降过大。由配线架至前端设备，铜缆总长＝水平敷设距离＋垂直距离＋敷设弯曲，应小于 100m。摄像机、AP 用电功率较大，按工程经验铜缆总长不宜大于 70m。

3）设计明确要求，工程建议选用检验合格的名优产品，并严格按有关规范施工。

问题【9.28】

问题描述：

智能化主要设备材料表漏项，如主要设备的配件、各智能化子系统的管理软件等，招标后需要增加造价。

原因分析：

智能化设计图纸中，没有直接绘制主要设备的配件，系统配套软件也以说明为主。若智能化主要设备材料表、招标清单没有对上述配件、软件开项，招标时很有可能漏项，后期需要增加造价。

应对措施：

1）智能化主要设备材料表除对设计图纸中已表达的设备开项外，也需对设计图纸中未体现的主设备配件如交换机光模块、电源模块、DDC 电源模块、无线对讲系统馈线连接头等开项。

2）对各智能化子系统的管理软件开项，并根据项目需求确定软件功能模块、软件规模（点数）。

问题【9.29】

问题描述：

部分项目疏散通道设置了门禁，验收和检查时被要求拆除。消防疏散通道门禁选用什么类型？

原因分析：

关于消防疏散通道门禁，相关规范要求不一，各地消防主管部门执行力度也有差别。

1）广东省标准《安全控制与报警逃生门锁系统设计、施工及验收规程》DBJ 15—55—2007 第 3.1.1 条要求商业、办公、酒店、医院、学校、交通、展览几乎所有公建疏散通道的门禁，应采用安全控制与报警逃生门锁系统，即电动推杆式逃生门锁。第 3.1.3 第 1 款要求安全控制与报警逃生门锁系统"在火灾等紧急情况下，能通过推闩方式迅速打开疏散门"。

2）电动推杆式逃生门锁平时刷卡可正常进入，紧急情况下不刷卡也可以进入（此时现场、安防监控中心报警）。电动推杆式逃生门锁最安全，广泛应用于机场、商业中心、酒店等人员密集场所的疏散通道，国外更是广泛应用。电动推杆式逃生门锁缺点是产品选择少，造价高，防君子不防小人，对安全管理有一定隐患。部分业主和物业管理不愿意选用。

3）《火灾自动报警系统设计规范》GB 50116—2013 第 4.10.3 条：消防联动控制器应具有打开疏散通道上由门禁系统控制的门和庭院电动大门的功能，并应具有打开停车场出入口挡杆的功能。此条规范强调门禁应有火灾联动开启功能，没有明确门禁类别。

4）《建筑设计防火规范》GB 50016—2014（2018 版）第 6.4.11 条第 4 款：人员密集场所内平时需要控制人员随意出入的疏散门和设置门禁系统的住宅、宿舍、公寓建筑的外门，应保证火灾时不需使用钥匙等任何工具即能从内部易于打开，并应在显著位置设置具有使用提示的标识。此条规范强调门禁"不需使用钥匙等任何工具即能从内部易于打开"，没有明确必须是电动推杆式逃生门锁。有些项目采取门禁＋破玻按钮方案，平时刷卡进入，紧急情况下按下碎玻按钮开启门禁（此时安防监控中心报警）。此方案是否完全符合规范要求也存在争议。

应对措施：

鉴于疏散通道门禁影响消防疏散责任重大，而且各地消防主管部门执行规范力度不一，设计应有自我保护意识，不能盲从业主要求，谨慎设计。

1）对于设有火灾自动报警系统的项目，设于疏散通道的所有门禁必须预留火灾强制开启的消防联动接口，并提资要求配套完成消防联动控制设计。

2）住宅、宿舍、公寓建筑首层对讲大门，人来人往，需要频繁开启。门禁＋内部开门按钮方案成熟可靠，毋庸置疑。

3）公共建筑尤其是航站楼、地铁、医院、商业中心、酒店等人员密集场所疏散通道的门禁，应选用可推杆打开的电动推杆式逃生门锁。

4）安全管理要求很高的场所（如总部办公楼）疏散通道的门禁，如果业主和管理公司要求采用门禁＋破玻按钮方案，建议获取消防主管部门认可后实施。

问题【9.30】

问题描述：

地下车库未设置与送排风设备联动的一氧化碳浓度监测装置。

原因分析：

地下车库空气流通不好，容易导致有害气体浓度过大，对人体造成伤害。有地下车库的建筑，车库设置与排风设备联动的一氧化碳检测装置（一个防火分区至少设一个一氧化碳监测点），超过一定的量值时需报警（地下车库温度太高也需要联动排风系统），并立刻启动排风系统。所设定的量值可参考国家标准《工作场所有害因素职业接触限值第 1 部分：化学有害因素》GBZ 2.1—2007（一氧化碳的短时间接触容许浓度上限为 $30mg/m^3$，换算为体积浓度 $30 \times 22.4/28 = 24ppm$）的规定。

应对措施：

根据深圳市《绿色建筑评价标准》SJG 47—2018 第 8.2.14 条的规定，在地下车库设置与送排风设备联动的一氧化碳浓度监测装置。

问题【9.31】

问题描述：

信号线缆中出现 WDZC－RVS 等型号。

原因分析：

对信号线缆的命名不了解，表达前后矛盾，WD 表示低烟无卤，RVS 中的 V 表示聚氯乙烯，聚氯乙烯为含卤素化合物。

应对措施：

将线缆型号 WDZC-RVS 改为 WDZC-RYS。

9

第 10 章　其 他 相 关 系 统

问题【10.1】

问题描述：

消防、人防、供电、防雷等部门的规定、标准和意见，与现行国家规范、标准不一致时，设计和审查应如何把握。

原因分析：

规范、条例过多且存在相互冲突的情况，设计和审查不好把握。

应对措施：

1）设计、审查应以现行法律、法规和国家规范为依据。

2）地方政府的法规和标准，设计和审查单位应遵照执行。

3）对于消防、人防、防雷、安防、供电等部门的意见、要求，设计、审查应以上述部门的正式书面批复文件为准。

问题【10.2】

问题描述：

对于厨房等需要专项设计的场所，设计的内容及深度如何掌握。

原因分析：

对《建筑工程设计文件编制深度规定》（2016 年版）不熟悉，设计不好把握。

应对措施：

《建筑工程设计文件编制深度规定》（2016 年版）第 4.5.7 条第 2 款：凡需专项设计场所，其配电和控制设计图随专项设计，但配电平面图上应相应标注预留的配电箱，并标注预留容量。此处"专项设计"指的是洗衣机房的洗衣工艺设计，厨房的厨房工艺设计等专项设计内容，其一般不包含在建筑设计单位的设计内容内，而是另外委托专业公司进行设计。

问题【10.3】

问题描述：

医院项目净化专项设计介入较晚，其屋面泵组数量极大，结构荷载及电井竖向桥架空间容易考虑不足。

原因分析：

医院项目净化机组往往设置于医技楼及医技楼顶层或医技楼上方塔楼顶部，电量较大，因净化专项常常介入较晚，且医技楼本身用电设备较多，若净化单位提资不及时，自身预估电量与其实际需求差异较大，电缆井竖向桥架空间往往紧张或不足。

应对措施：

需提前征询净化单位设备落位位置及电量情况，做好土建预留。

问题【10.4】

问题描述：

一次设计时医疗设备接地预留预埋条件未表达，导致施工遗漏。

原因分析：

因目前医院项目洁净区域及放射区域常为专项设计，较一次施工图设计相对滞后，相关电气预留预埋在一次设计时往往容易忽略。

应对措施：

需与专项公司提前沟通确定 UPS 间、诊疗设备诊断室设置，并参考《医疗建筑电气设计与安装》19D706—2 预留条件，设置接地端子箱。

问题【10.5】

问题描述：

冷冻机、冷冻泵、冷却泵、冷却塔及空调风机的控制仅在电气设计文件中注明由设备配套提供，易造成漏项。

原因分析：

在预算阶段，电气专业根据设计文件中注明是不含控制部分工程费用的，而暖通专业设备清单亦未对控制提出要求时，亦不含此部分工程费用。在施工阶段是以暖通专业设备清单技术参数要求作为采购依据，供货商家仅提供设备。当安装过程中发现漏项时，易造成电气与暖通专业相互推诿，最终导致追加投资。

应对措施：

在设计阶段提资过程中，电气专业人员在需要设备配套提供控制箱时，应知会暖通专业在设备清单中注明设备供货时应配置控制箱。

10

问题【10.6】

问题描述：

当设置战时发电机组时，没有在室外设置油管接头井。

原因分析：

设计人员只关注《人民防空地下室设计规范》GB 50038—2005 电气章节的有关内容，而忽视给水排水章节提出的对电气的要求。

应对措施：

根据《人民防空地下室设计规范》GB 50038—2005 第 6.5.9 条规定："在室外的适当位置设置与防空地下室抗力级别相同的油管接头井。"（图 10.6）

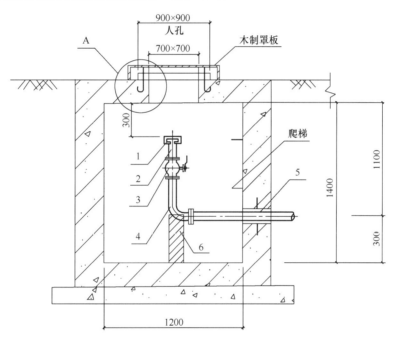

编号	名称	规格	材料
1	快速接头盖	DN65	金属
2	快速接头	DN65	金属
3	球阀	DN65	金属
4	90°弯头	DN50	金属
5	防护密闭套管	DN50	金属
6	砖支墩	—	砖砌

图 10.6　人防油管接头井示意图

问题【10.7】

问题描述：

把住宅户内配电箱设置在卫生间外墙体上。

原因分析：

有的因户型面积小，户箱设置有困难。一般卫生间外墙很薄，仅 120mm 厚，配电箱无法嵌入安装，出线也不好敷设；其次，卫生间潮湿，近乎裸露的箱体易受潮漏电不安全。

应对措施：

建议室内配电箱在入户附近的砖墙上嵌入安装，如确有困难，可与结构专业沟通嵌入入户附近剪力墙安装，配电箱不应装在潮湿的墙体上。

问题【10.8】

问题描述：

电气总图设计深度不够。

原因分析：

电气总图常常只画有几条线路及设备房位置。

应对措施：

应严格按照《建筑工程设计文件编制深度规定》（2016 年版）第 4.5.5 条的要求：应标注变、配电站位置、编号，变压器台数、容量，发电机台数、容量，室外配电箱的编号、型号，室外照明灯具的规格、型号、容量，电缆线路走向、回路编号、敷设方式、人（手）孔型号、位置，消防控制室、弱电机房位置，指北针，构筑物名称或编号、层数；注明各处标高、道路、地形等高线等。

10

参 考 文 献

[1] 建筑设计防火规范：GB 50016—2014：2018 年版[S]. 北京：中国计划出版社，2014.

[2] 火灾自动报警系统设计规范：GB 50116—2013[S]. 北京：中国计划出版社，2014.

[3] 民用建筑电气设计标准：GB 51348—2019[S]. 北京：中国建筑工业出版社，2019.

[4] 建筑物防雷设计规范：GB 50057—2010[S]. 北京：中国计划出版社，2011.

[5] 建筑物电子信息系统防雷技术规范：GB 50343—2012[S]. 北京：中国建筑工业出版社，2012.

[6] 20kV 及以下变电所设计规范：GB 50053—2013[S]. 北京：中国计划出版社，2013.

[7] 低压配电设计规范：GB 50054—2011[S]. 北京：中国计划出版社，2012.

[8] 供配电系统设计规范：GB 50052—2009[S]. 北京：中国计划出版社，2010.

[9] 通用用电设备配电设计规范：GB 50055—2011[S]. 北京：中国计划出版社，2012.

[10] 汽车库、修车库、停车场设计防火规范：GB 50067—2014[S]. 北京：中国计划出版社，2015.

[11] 人民防空地下室设计规范：GB 50038—2005[S]. 北京：中国建筑标准设计研究院，2005.

[12] 建筑照明设计标准：GB 50034—2013[S]. 北京：中国建筑工业出版社，2013.

[13] 民用建筑设计统一标准：GB 50352—2019[S]. 北京：中国建筑工业出版社，2019.

[14] 消防应急照明和疏散指示系统技术标准：GB 51309—2018[S]. 北京：中国计划出版社，2018.

[15] 全国消防标准化技术委员会火灾探测与报警分技术委员会. 消防控制室通用技术要求：GB 25506—2010[S]. 北京：中国质检出版社，2014.

[16] 声环境质量标准：GB 3096—2008[S]. 北京：中国环境科学出版社，2008.

[17] 爆炸危险环境电力装置设计规范：GB 50058—2014[S]. 北京：中国计划出版社，2014.

[18] 中国电力企业联合会. 剩余电流动作保护装置安装和运行：GB/T 13955—2017[S]. 北京：中国质检出版社，2018.

[19] 安全防范工程技术标准：GB 50348—2018[S]. 北京：中国计划出版社，2018.

[20] 综合布线系统工程设计规范：GB 50311—2016[S]. 北京：中国计划出版社，2016.

[21] 公共广播系统工程技术规范：GB 50526—2010[S]. 北京：中国计划出版社，2010.

[22] 入侵报警系统工程设计规范：GB 50394—2007[S]. 北京：中国计划出版社，2007.

[23] 住宅区和住宅建筑内光纤到户通信设施工程设计规范：GB 50846—2012[S]. 北京：中国计划出版社，2012.

[24] 中小学校建筑设计规范：GB 50099—2011[S]. 北京：中国建筑工业出版社，2010.

[25] 商店建筑设计规范：JGJ 48—2014[S]. 北京：中国建筑工业出版社，2014.

[26] 商店建筑电气设计规范：JGJ 392—2016[S]. 北京：中国建筑工业出版社，2016.

[27] 教育建筑电气设计规范：JGJ 310—2013[S]. 北京：中国建筑工业出版社，2013.

[28] 住宅建筑规范：GB 50368—2005[S]. 北京：中国建筑工业出版社，2005.

[29] 住宅建筑电气设计规范：JGJ 242—2011[S]. 北京：中国建筑工业出版社，2011.

[30] 博物馆建筑设计规范：JGJ 66—2015[S]. 北京：中国建筑工业出版社，2015.

[31] 金融建筑电气设计规范：JGJ 284—2012[S]. 北京：中国建筑工业出版社，2012.

[32] 托儿所、幼儿园建筑设计规范：JGJ 39—2016[S]. 北京：中国建筑工业出版社，2016.

[33] 剧场建筑设计规范：JGJ 57—2016[S]. 北京：中国建筑工业出版社，2016.

[34] 饮食建筑设计规范：JGJ 64—2017[S]. 北京：中国建筑工业出版社，2017.

[35] 医疗建筑电气设计规范：JGJ 312—2013[S]. 北京：中国建筑工业出版社，2013.

[36] 中国电力企业联合会. 电力工程电缆设计标准：GB 50217—2018[S]. 北京：中国计划出版社，2018.

[37] 无障碍设计规范：GB 50763—2012[S]. 北京：中国建筑工业出版社，2012.

[38] 中国电力企业联合会. 电气装置安装工程接地装置施工及验收规范：GB 50169—2016[S]. 北京：中国计划出版

社，2016.

[39]　中国电力企业联合会. 交流电气装置的过电压保护和绝缘配合设计规范：GB/T 50064—2014[S]. 北京：中国计划出版社，2014.

[40]　全国电器附件标准化技术委员会 . 电缆管理用导管系统 第 1 部分：通用要求：GB/T 20041.1—2015[S]. 北京：中国质检出版社，2014.

[41]　全国电气安全标准化技术委员会. 外壳防护等级(IP 代码)：GB/T 4208—2017[S]. 北京：中国标准出版社，2017.

[42]　全国消防标准化技术委员会建筑构件耐火性能分技术委员会. 耐火电缆槽盒：GB 29415—2013[S]. 北京：中国标准出版社，2014.

[43]　中华人民共和国住房和城乡建设部. 建筑工程设计文件编制深度规定：2016 年版[EB/OL]. (2016—11—17). http：//www. mohurd. gov. cn/wjfb/201612/t20161201 _ 229701. html.

[44]　消防给水及消火栓系统技术规范：GB 50974—2014[S]. 北京：中国计划出版社，2014.

[45]　民用建筑供暖通风与空气调节设计规范：GB 50736—2012[S]. 北京：中国建筑工业出版社，2012.

[46]　工业建筑供暖通风与空气调节设计规范：GB 50019—2015[S]. 北京：中国计划出版社，2015.

[47]　人员密集场所消防安全管理：GA 654—2006[S]. 北京：中国标准出版社，2006.

[48]　中国南方电网有限责任公司. 10kV 及以下业扩受电工程技术导则：2018 年版[EB/OL]. (2020-1-8). http：//www. laibin. gov. cn/xwzx/tzgg/W020200215039656999259. pdf.

[49]　中国南方电网有限责任公司. 10kV 及以下业扩受电工程典型设计图集：2018 版.

[50]　深圳供电局有限公司. 深圳中低压配电网规划技术实施细则：2018 年修订版.

[51]　中国建筑标准设计研究院. 工程建设标准强制条文及应用示例04DX002[M]. 北京：中国计划出版社，2006.

[52]　中国建筑标准设计研究院. 常用水泵控制电路图16D303-3[M]. 北京：中国计划出版社，2016.

[53]　中国建筑标准设计研究院. 建筑电气常用数据19DX101-1[M]. 北京：中国计划出版社，2019.

[54]　中国建筑标准设计研究院. 110kV 及以下电缆敷设12D101-5[M]. 北京：中国计划出版社，2012.

[55]　中国建筑标准设计研究院. 等电位联结安装15D502[M]. 北京：中国计划出版社，2015.

[56]　中国建筑标准设计研究院. 应急照明设计与安装19D702-7[M]. 北京：中国计划出版社，2019.

[57]　中国建筑标准设计研究院. 消防给水及消火栓系统技术规范15S909[M]. 北京：中国计划出版社，2015.

致　　谢

在本书的编撰过程中，编委广泛征集了工程设计、咨询、建造及工程管理等意见，得到了很多单位及个人的大力支持，在此致以特别感谢！（按照提供并采纳案例数量排序）

1. 深圳市建筑设计研究总院有限公司

姓名	条文编号	姓名	条文编号	姓名	条文编号
陈惟崧	5.21、5.18、6.1～6.7、7.1、7.2、8.2.13、8.2.15、8.3.49、8.3.61	廖昕	1.12、1.13、4.2、4.23、4.29、5.1～5.3、6.13、7.4、8.2.7、8.3.14、10.6	李忠	2.11、4.16、4.24、5.10
邓文	4.22、8.3.7、8.3.63	翁路明	8.2.19、8.3.64	郭方	2.13、2.14
谢春红	5.5、8.3.58	郭勇	5.4、8.3.34、8.3.65	陈军	4.22
蒋征敏	8.3.38				

2. 筑博设计股份有限公司

姓名	条文编号	姓名	条文编号	姓名	条文编号
汪清	1.3、1.5～1.7、2.20、3.17、4.2、4.3～4.6、4.10	周小强	2.1、2.4、2.6～2.10、2.16～2.19、6.8、6.9、8.3.17	廖建邦	8.1.5、8.2.21、8.3.59
吕少锋	1.8、2.5	万春妮	1.9、7.3	姜殿儒	4.7、4.8
吴荣健	4.9	骆志明	8.2.11	陈文飞	8.2.12
姚智	9.31				

3. 深圳市华阳国际工程设计股份有限公司

姓名	条文编号	姓名	条文编号	姓名	条文编号
李炎斌	8.1.1～8.1.3、8.3.1～8.3.6、8.3.9～8.3.13、8.3.16、8.3.18～8.3.23、8.3.26、8.3.30～8.3.33、8.3.36、8.3.37、8.3.39、8.3.41、8.3.45、8.3.50～8.3.56、8.3.60	刘卫强	2.12	黄世广	8.3.49

4. 深圳市联合创艺建筑设计有限公司

姓名	条文编号
罗红	1.10、1.11、2.15、4.11～4.14、4.30、4.31、5.19～5.22、6.7、6.10、6.11、7.8～7.16、8.2.1、8.2.2、8.2.4、8.2.10、8.2.18、9.7、9.30、10.7、10.8

5. 香港华艺设计顾问（深圳）有限公司

姓名	条文编号	姓名	条文编号	姓名	条文编号
刘勋	9.2～9.6、9.8～9.12、9.14～9.20、10.1～10.5	梁永超	8.3.38、8.3.57	李鑫荣	8.3.19
黄超宇	8.3.44				

6. 悉地国际（深圳）设计顾问公司

姓名	条文编号	姓名	条文编号
赵金剑	2.2、2.3、4.19、4.25、5.6～5.8、5.10、5.11、5.12～5.17、6.12、7.5～7.7、8.2.3、8.2.6、8.2.8、8.2.14、8.2.16	焦培荣	5.9

7. 奥意建筑工程设计有限公司

姓名	条文编号
张国庆	3.1～3.18、8.3.40

8. 广东省建筑设计研究院有限公司深圳分公司

姓名	条文编号	姓名	条文编号	姓名	条文编号
何海平	8.3.17、8.3.22、9.21～9.24、9.26、9.27、9.29	廖雪飞	8.3.27、8.3.47、9.13	刘超	8.3.28
何文晖	8.3.29	李建华	8.3.62	曹恺	9.1
袁启生	9.25	廖文敏	9.25		

9. 华森建筑与工程设计顾问有限公司

姓名	条文编号	姓名	条文编号	姓名	条文编号
李丛	2.3、8.1.4、8.1.7、8.1.8、8.2.5、8.2.17、8.2.20	康健	8.1.9、8.3.48	杨虎	8.2.9

10. 深圳市大正建设工程咨询有限公司

姓名	条文编号	姓名	条文编号
罗炳坤	1.1、1.2、1.4、1.5、4.1、4.15、4.18、4.20、4.21	邵建华	4.17

11. 深圳大学建筑设计研究院有限公司

姓名	条文编号	姓名	条文编号
刘中平	8.1.6、8.3.43	黄金龙	8.3.16

12. 深圳市宏发房地产开发有限公司

姓名	条文编号
甘良春	4.26、4.27、4.28

13. 迈进建筑工程设计（深圳）有限公司

姓名	条文编号
周建荣	3.19

14. 深圳市精鼎建筑工程咨询有限公司

姓名	条文编号
王娴	8.3.46